自 然
的
馈 赠

博物馆精品标本图鉴

ZIRAN DE KUIZENG

BOWUGUAN JINGPIN BIAOBEN TUJIAN

主编／江 雪 王 丹

编者／李晓丹 李弘明 刘 丽

刘思昭 杨 慧

辽宁师范大学出版社

·大 连·

INTRODUCTION
前言

　　大连自然博物馆历史悠久，前身始建于1907年，是一座集地质、古生物、动物、植物标本收藏、研究、展示、科普于一体的综合性自然科学博物馆，为国家一级博物馆。馆内藏品丰富，基本陈列以人类、生物和环境为主线，围绕"自然与人"主题，包括地球科学板块、海洋生物板块、陆地生态板块。博物馆全面介绍了地球知识、海洋生物知识、古生物知识，

揭示了人、生物、环境的相互依存关系，提倡天人共泰、物我相谐的现代理念。

地球科学板块中的地球展厅从地球在宇宙中的位置入手，以岩石矿物标本为依托，配以景观和互动展项，揭示了地球的演化过程和地球与人的关系。中生代古生物化石展厅以热河生物群化石为主，共展出标本260余件，包括古无脊椎动物、古脊椎动物、古植物等，其中有20件模式标本，45件一级古生物化石标本。展览通过3D高清动画、2D动漫、虚拟影像还原等多种方式对标本进行多角度全方位的解读。一窝鹦鹉嘴龙化石是世界上迄今为止唯一的、数量最多、保存最完整的、震惊世界的国宝级化石标本，其研究成果论文已发表在 *Nature*（2004年9月431期）上。鹦鹉嘴龙化石的发现轰动了国际古生物界，对它的研究使人们对恐龙的群居和护幼行为有了新的认识。董氏东北巨龙是目前辽西发现的最大的蜥脚类恐龙，为模式标本。该标本真骨含量极高，具有十分重要的研究、收藏、展示价值。

第四纪古动物化石展厅展示内容是大连自然博物馆在辽南地区的陆地及附近海域近百年的工作积累。研究人员陆续收集了大连地区几乎所有的第四纪脊椎动物化石标本，发现并发掘了几处大型及重要的化石埋藏地，如瓦房店古龙山遗址和大连海茂化石点，以及骆驼山金远洞、望海洞和里坨子穿海洞。这些化石点出土了大量脊椎动物化石，涵盖了第四纪各个时期的古生物，在国内外产生了重大影响。目前拥有相关藏品5万余件，数量位居全国前列，这些哺乳动物化石的发现对研究东亚地区旧石器时代晚期时古人类文化的交流有重大意义；为探讨我国东北地区哺乳动物和古人类起源、演化和扩散事件及其生态系统演替提供了可靠的信息和证据；为研究当时的古地理、古环境气候提供了重要的佐证；为辽南地区第四纪地层的划分和对比提供了

可靠的依据。

　　海洋生物板块是大连自然博物馆独具特色的展览，其中的海兽展厅更是我国自然类博物馆中难得一见的展览，展厅中的大型剥制标本抹香鲸、灰鲸、长须鲸、北太平洋露脊鲸等海洋哺乳动物及其部分骨架标本在此集中展示，配以四周壁画和灯光，向观众呈现了一个仿真的海洋世界。软骨鱼展厅和硬骨鱼展厅分别以海中霸主鲨鱼的真实标本和海洋怪兽皇带鱼标本为代表，涵盖了以黄渤海分布为主的大多数海洋鱼类标本，配以海洋鱼类生态景观，向观众展示了海洋鱼类的生活面貌和特点。海洋无脊椎动物展厅主要展出海洋无脊椎动物，其中海洋贝类和海洋藻类是其亮点和重点。

　　陆地生态板块中的东北森林动物展厅、湿地展厅、生态展厅和肯尼斯·贝林展厅采用主题单元展览模式，利用拥有自主知识产权的景观制作新技术，按照东北森林、代表性湿地和非洲的热带雨林、热带草原等景观原始面貌进行还原，让这些馆藏自然生物标本在自然博物馆内成功再现。

　　本书从上述陈列板块中精选出百余件具有较高研究、展示和科普价值，且保存完好的岩矿、古生物化石、植物、昆虫、两栖爬行类、鸟类、哺乳动物等标本，以图片、文字相结合的形式详细介绍了各种标本的形态、分布、生态等方面内容，力求构图新颖、文字精练、表达生动准确、艺术性和可读性强，使读者能够系统地了解大连自然博物馆的精品馆藏标本。

　　本书的出版，特别感谢大连市公共文化服务中心和大连自然博物馆的领导的支持、鼓励和悉心指导。愿本书能够成为各界人士了解大连自然博物馆的一个窗口，通过这些重点标本的介绍不仅可以让大家热爱大自然、拓展知识、开阔眼界，也能够让人们在探索的同时，唤起对自然的保护意识和对生命的敬畏！合理开发和利用自然资源，减少对大自然的伤害，建立文明和谐的自然生态环境，是我们每个人应尽的义务。

01 DIZHIYANKUANGPIAN
地质岩矿篇

目录
CONTENTS

02 GUSHENGWUPIAN
古生物篇

03

SHUISHENGSHENGWUPIAN

水生生物篇

第一节 海洋无脊椎动物

第二节 鱼类

一、硬骨鱼

第三节 海洋哺乳动物

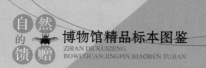

04 LUSHENGSHENGWUPIAN
陆生生物篇

第一节 生态篇

01 DIZHIYANKUANGPIAN
地质岩矿篇

　　我们曾以为人类所生活的地球广袤无垠，后来才知道它只是浩瀚宇宙中一颗微不足道的小行星，但这并不影响它用自己的独特孕育亿万生灵。我们曾以为脚下的大陆稳固坚实，后来才知道它在滚烫的熔融质岩石上漂浮不定，但这并不影响它用自己的厚重承载万物生长。我们曾以为身边的石头平凡无奇，后来才知道它们记录了地球诞生以来的所有地质信息，它们是那么出人意料的美丽和令人意想不到的神奇……

　　这个美丽的星球，经历了46亿年惊心动魄的发展，不断地改变，最终形成一幅令人惊叹的"山水画"。画中雄伟的山峰、奔腾的河流、广袤的草原……都是地球内外力作用的共同结果。

在一般情况下，内力作用可表现为构造运动、火山运动、地震、板块移动等。内力作用将地球表面塑造成大陆与洋底、山脉与盆地，奠定了地表的基本形态与格局，它总的趋势是使地表变得高低不平，形成地球表面的一些巨型、大型的地貌形态。东非大裂谷、喜马拉雅山脉、塔里木盆地等都是内力作用的结果。

内力作用建造了地表形态的"粗毛坯"，体现出了大自然的鬼斧神工；外力作用则负责精雕细琢，以风化、剥蚀、搬运、沉积、成岩等手段，进一步把地表形态雕琢得多姿多彩、美丽如画。二者此消彼长、相互作用、相互影响。地球在内力和外力的共同作用下，呈现出如诗如画的自然景观。

让我们一起走进地球展厅，了解它们的故事……

造访地球的不速之客——陨石

　　陨石，被称为天外来客，其来访之前没有任何征兆，来访之时却是轰轰烈烈、惊天动地。早在两千多年前的春秋时期，我国对陨石便有了记载，只是限于当时的唯心主义思想，人们普遍将其视为不祥之物。直到治平元年（1064 年），沈括在《梦溪笔谈》中如实记载了常州地区发生的一次陨石坠落的详情，生动地描述了陨石坠落时的情景，

以及陨石的大小、形状、颜色、去处等，为后来的陨石坠落提供了科学解释。

　　到了现代，随着科学的发展，人类对于陨石有了全新的了解和认识。

　　陨石也称"陨星"，是地球以外脱离原有运行轨道的宇宙流星或尘碎块，飞快散落到地球或其他行星表面的未燃尽的石质、铁质或铁石混合的物质。陨石的表面一般比较圆滑，没有棱角。其平均密度在 3 ~ 3.5 g/cm^3 之间，主要成分是硅酸盐，可分为三大类：铁陨石、石陨石和铁石陨石。

　　铁陨石含有 90% 的铁，8% 的镍。它的外表裹着一层黑色或褐色的 1 mm 厚的氧化层，叫熔壳。外表面上还有许多大大小小的圆坑，叫作气印。此外还有形状各异的沟槽，叫作熔沟。铁陨石的切面与纯铁相似。铁陨石约占陨石总量的 3%。

　　石陨石中的铁镍金属含量不高于 30%。石陨石由硅酸盐矿物如橄榄石、辉石和少量斜长石组成，也含

有少量金属铁微粒。石陨石占陨石总量的95%。

铁石陨石中铁镍金属含量在30%～65%之间，由铁、镍和硅酸盐矿物组成，这类陨石约占陨石总量的1.2%。

此外还有玻璃陨石，玻璃陨石可能不是直接从外空间来的，而是当陨石冲击地球表面时，地表的岩石熔融后迅速冷却形成的。

陨石大部分都落在海洋、荒漠、森林和山地等人烟罕至的地区，收集困难，数量极少。但每一颗陨石都是独一无二、不可复制的，因为它们身上携带着离我们遥远的外太空的大量信息，为人类探索太阳系的形成、宇宙的起源、行星的演化等提供了有力依据，可谓是大自然赠与人类的无比珍贵的礼物和稀有的知识库！

玉中之王——翡翠

翡翠，也称翡翠玉、翠玉、硬玉、缅甸玉，是玉类当中的一种。翡翠是以硬玉矿物为主的辉石类矿物组成的纤维状集合体，莫氏硬度在6.5～7之间，韧性好，受重击后也不易破碎，抗压强度有的甚至超过钢铁。翡翠颜色丰富，主要以翠绿和红色为主，也因其颜色艳丽，晶莹剔透，温婉优雅，被称为"玉中之王"，自古至今，深受人们的喜爱。

那么，翡翠是如何形成的呢？曾有人认为翡翠和钻石一样，都是在地壳深部几千度的高温、高压条件下结晶形成的。其实不然，美国不少地球物理学家在实验室做了大量的仿真实验，

再结合世界各地发现翡翠矿床的实际情况，认为翡翠并不是在高温条件下形成的，而是在中低温、极高压力条件下变质而成的。由此得出，翡翠是由地壳运动的挤压力所形成的，并且不可能埋藏于地壳较深的部分。现已证实，凡是有翡翠矿床分布的区域，均是地壳运动较强烈的地带。

翡翠主要产自缅甸，与中国结缘应该始于明末清初。缅甸被称为玉石王国，与我国相邻，两国之间的最主要的贸易便是玉石了。中缅借玉石贸易相互沟通，相互了解，玉石也就成了中缅情谊的纽带。到了明末清初，翡翠逐渐成为达官贵人彰显身份的标志和珍藏品，后来又受到清朝乾隆皇帝的推崇和慈禧太后的喜爱，翡翠因此被称为"皇家玉"，身价百倍，成为玉中极品。

那么，翡翠的名字从何而来呢？传说在我国原本有两种鸟，翡是一种红色羽毛的鸟，翠是一种绿色羽毛的鸟。因两种鸟的羽毛很美，古人常用其制作首饰，并称之为翡翠。之所以称这种硬玉为翡翠，是因为其颜色不均一，有时在浅色的底子上伴有红色和绿色的色团，颜色之美犹如翡翠鸟，故作此称。关于翡翠名字的由来，还有很多传说，不管传说是真是假，翡翠都是当之无愧的珍宝。

会漂浮的岩石——浮石

什么是浮石？浮石是一种基于熔岩的天然物质，是火山爆发后留下来的产物。火山喷发时，会喷射出大量的岩浆，这些岩浆是地下的一种高温液态物质。当岩浆没有喷出地表时，在地心的压力下，气体被迫压在岩浆的内部，喷出以后，随着温度的下降，压力的减轻，气体迅速逸出，使火山岩含有许多气孔。火山岩中孔与孔之间的岩壁非常薄，缝隙中还有水分和二氧化碳，其比重较轻小，可以浮在水面，所以被称为浮石，也叫轻石或浮岩。

中国的浮石资源十分丰富，北起黑龙江、南至海南岛的火山分布区都有浮石矿产。浮石以北方地区为多，质量较好，喷发年代较新，多产于沿海地区。

浮石有什么用处呢？

浮石作为一种功能型环保材料，具有质量轻、强度高、耐酸碱、耐腐蚀，且无污染、无放射性等特点，用途极为广泛。在古代它曾被用作轻质建筑材料，最为著名的代表便是位于罗马的帕特农神庙，这座穿越千年的古建筑屹立至今，是古希腊文明的第一象征，除此外世界上还有很多相似的建筑。

在现代日常生活中，人们常常利用浮石的吸附性来清洗衣物，净化水质，既方便又环保。浮石还可以用来清洁身体和护理皮肤，如去除脚底老皮等。《本草纲目》中曾有其记载，称其为药石，经常使用药石可以清洁皮肤，预防和治疗脚气，对足底皮肤粗糙、干裂起皮有很好的预防和治疗的功效。

总而言之，浮石这种从火山石中获取的自然物质用途非常广泛，不论是建筑材料中还是日用品中都有它的身影。只要正确使用它，便可以给人类带来有益的作用。

岩石王国的"奇异宠儿"——长石晶簇

古人云：园无石不秀，斋无石不雅。由此可见天然奇石在人们心目中

的重要位置。爱石者把大自然中的每一块奇石喻为一首无声的诗，一幅立体的画。这些奇石外形奇特、色泽艳丽、纹饰美观，不经加工、贵在自然、极其珍稀，不仅具有观赏价值、艺术价值，更具有收藏价值，被统称为观赏石。

长石晶簇属观赏石中的一种，是在岩石空隙壁上聚生的同种或不同种矿物的晶体群。它的一端固生于共同的基底上，另一端自由发育，在成长过程中受空间的影响很大，大多数的晶簇都因为生存空间狭小而不能发育成良好的形状，巨大空间中生长的晶簇则常常发育成完好的单晶体，造型奇特的长石晶簇形成条件极其苛刻。长石晶簇因其晶体之美被称为岩石王国的"奇异宠儿"。

长石晶簇晶体玲珑而脆弱，采集时需格外小心，需连同一部分岩石一起采集下来，根据其特点再进行清理。长石晶簇不仅具有陈列、收藏和观赏价值，其对花岗伟晶岩的气液演化研究，以及矿床勘查和矿物资源的合理利用也有特殊意义。

长石晶簇是美学与地质学相结合的产物，收藏在大连自然博物馆地球展厅内的正长石晶簇，晶簇之大、晶形之美让人称奇，在国内外也实属罕见。

古代的"涂改液"——雌黄

当代的学生，几乎每人的铅笔盒中都有这么一种神器：小小的瓶子里面装有白色的液体，自从有了它，大家就再也不用担心写错字了！这个神器就是涂改液，使用起来简单方便，深受学生们的宠爱。

那么，古代的文人写了错字，用什么方法来解决呢？那个时候有涂改液吗？原来古时候人们写字多用黄纸，叫"黄卷"，当写错字时，他们会用雌黄磨成粉涂在错误的地方，因为雌黄的颜色同纸色相近。雌黄硬度小，适合涂改，所以古时候的"涂改

液"便是雌黄，与现在的涂改神器一个道理，只是成分不同罢了。

那么雌黄究竟为何物呢？雌黄是一种单斜晶系矿石，主要成分是三硫化二砷，有剧毒。雌黄单晶体的形状呈短柱状或者板状，集合体的形状呈片状、梳状、土状等。它主要呈柠檬黄色，条痕呈鲜黄色，莫氏硬度在1.5～2之间，硬度较小，质地松，易碎。雌黄是典型的低温热液矿物，亦见于温泉沉积物和硫质喷气孔的沉积物中，在灼烧时熔融，会产生青白色的带有强烈蒜臭味的烟雾，会刺激呼吸道引起急性中毒。

在我国，雌黄的主要产地有湖南省慈利县和云南省南华县等地。很多时候雌黄和雄黄常常一起出现，形影不离，二者都属于低温热液矿物，甚至有着相同的组成元素、相似的性质和用途，致使人们经常称雌黄是雄黄的共生矿物，二者还有"矿物鸳鸯"的说法。

在古代，雌黄不仅可用作涂改

文字，还可以作为绘画的颜料，后因雌黄有强烈的毒性，逐渐被其他颜料所代替。除此之外，雌黄还具有药用价值，《神农本草经》及其他医药书籍均有记载，雌黄可用以杀虫、解毒、消肿等，但现代的医学里很少见到使用雌黄的记录，《中华人民共和国药典》也已经不再将其列入中药材名录。

水中之玉——水晶

　　古时候人们曾称水晶是"水玉"或"千年冰"。由于它通体透明如水，古人以为它是千年古冰演变而来的。实际上水晶是一种矿物石英的华丽结晶体，在矿物学上属于石英族，它的主要化学成分是二氧化硅。水晶具有玻璃光泽，透明至半透明，外观和玻璃相似，但硬度要远远超过玻璃，其莫氏硬度为7。根据颜色、包裹体及工艺特性，水晶可分为白水晶、紫晶、黄水晶、烟晶、蔷薇水晶、黑晶、发晶及鬘晶、水胆水晶、星光水晶、猫眼水晶和砂晶等。

　　水晶有一种非常奇特的功能，即压电性。把水晶切成薄片，放在两块金属板之间做加压和拉伸实验，你会发现水晶片的两个表面会产生正电和负电，这种现象叫"压电现象"。这也是单晶水晶在无线电工业中实际应用的基础。由单晶硅片制成的谐振器、滤波器广泛应用于电子、自动武器、导弹核武器、人造卫星等尖端工业。

　　璀璨夺目的水晶使得人们对其宠爱有加，那么水晶是怎么形成的呢？水晶对于自身形成和生长的条件要求极为苛刻。水晶在岩石空洞中生长，它的成长过程中必须要有足够且较稳定的空间，所以我们看到的很多天然水晶，上半截是发育很完美的带尖顶六方柱状，下半截却不完整；其次要有富含硅质矿物的热液，即二氧化硅热液；再者需要高温高压条件，温度在 550 ℃ ~ 600 ℃之间，压力是大气压的2 ~ 3倍；最后水晶的生长需要一定时间,这也是为什么天然水晶不论大小、美丑，都是历经几千年、几万年甚至是几亿年之久才形成的。

　　水晶主要产于伟晶岩脉或晶洞中，世界各地均有水晶矿的产出。其中比较著名的产地有巴西的米纳斯和吉拉斯、马达加斯加、美国的阿肯色州、俄罗斯的乌拉尔、缅甸等。我国的水晶矿资源也很丰富，二十多个省份均有水晶产出。江苏是中国优质水晶的主要产地，其中以东海水晶为最，东海被称为"中国水晶之都"。此外，海南、四川、新疆也是高品质水晶的产地。

愚人金——黄铁矿

　　莎士比亚曾说过："不是所有闪光的东西都是金子。"这句话说的不仅仅是人生的哲理，同时也说明了一个真实的自然现象。自古至今，大家都喜欢收藏和佩戴黄金，它象征着雍容华贵。在自然界中，有一种石头，它的外表、颜色以及散发出的金属光泽，与黄金都极其相似，　　它常常被误认为黄金，后被称为"愚人金"，这种石头就是黄铁矿。

　　黄铁矿的化学成分是二硫化亚铁，是地壳中分布最广的一种硫化物矿物，纯黄铁矿中含有46.67% 的铁和53.33% 的硫，工业上称其为硫铁

矿。它的晶体主要呈立方体、五角十二面体或八面体，常见双晶现象，晶面通常会有条纹出现，集合体会出现块状、肾状、葡萄状或结核状，莫氏硬度在 6 ～ 6.5 之间，比较脆，受到敲打容易破碎。

当黄铁矿以自身的晶体存在的时候，多是四四方方的闪着金光的石头，与黄金还是有所区别的，但是黄铁矿要是以分散状聚集在岩石中的，就会让人难以分辨。其实黄铁矿和黄金只是在外貌和颜色上相近，要区分两者的话，我们只需要采取以下两种方法：一看重量，同体积的黄金的重量是黄铁矿的3倍；二是看颜色，把黄铁矿和黄金在试金石或没有上釉的瓷板上面划上一道，黄铁矿的条痕色是黑绿色，黄金却是金黄色。黄铁矿虽然价格远不如黄金，但是它自然形成的造型别具一格，会让人觉得美不胜收，也具有一定的观赏价值。

人类最早使用的金属——铜与自然铜

铜是人类最早使用的金属，它与人类有着重要的关系，它见证着人类早期文明的发展。最初人们使用的只是存在于自然界中的自然单质铜，随着生产的发展自然铜制造的工具已经不足以满足人们的需求，于是人们开始寻找用自然铜提炼铜的方法。

那么，什么是铜？什么是自然铜？二者有什么不同呢？

铜是一种化学元素，化学符号是 Cu，是一种过渡金属。铜呈紫红色金属光泽，密度为 8.92 g/cm^3，熔点为 1083.4 ℃，沸点为 2567 ℃。铜是最好的纯金属之一，质地坚韧、耐磨损，还有很好的延展性，可以导热、导电。铜和一些铜合金有较好的耐腐蚀能力，在干燥的空气中很稳定，但在潮湿的空气中其表面会生成一层绿色的碱式碳酸铜，俗称铜绿。铜可溶于硝酸和热浓硫酸，略溶于浓盐酸。

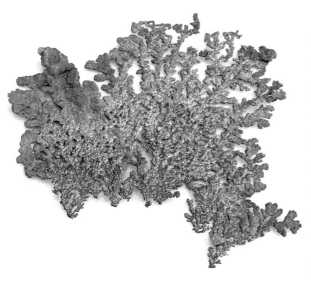

自然铜则是铜元素在自然界天然生成的各种片状、板状、块状的集合体，晶体呈立方体、五角十二面体以及八面体等，质地坚硬无比，但其莫氏硬度却只有2.5～3，熔点为1083 ℃。用自然铜在白瓷板上刻画，其条痕为粉红色。在未经氧化之时，自然铜的表面为铜红色，具有金属光泽；氧化之后，会变成棕黑色的氧化铜或者绿色的孔雀石。

二者的用途大不相同。

铜在化学工业中可用于制造真空器、蒸馏锅、酿造锅等；在国防工业中可用以制造子弹、炮弹、枪炮零件等；在建筑业中可用于制作各种管道、管道配件及装饰配件等；在医学领域，铜元素还可以用来抗癌，具有很强的杀菌作用。

自然铜是工业铜矿物之一，可用于冶炼铜；青铜器时期，它被用于制作工具；发育良好的自然铜，可作为矿物标本，具有学术价值、观赏价值和收藏价值。

世界上最硬的石头——金刚石

俗话说："没有金刚钻，不揽瓷器活。"这句话出自一个典故。我国是瓷器的故乡，尤其到了唐宋时期，瓷器进入最繁荣的阶段，在大街上可以看到"锔瓷"的场景。所谓的锔瓷就是修补破损的瓷器。锔瓷需要两件工具：

一件是金刚钻，一件是铜钉。因为烧制后瓷器质地脆而坚硬，一般的工具钻不进去，只有金刚钻才能在其上面钻孔，然后用铜钉穿入其中固定。因此高密度、强硬度的金刚钻就成为修补瓷器的必备工具，也便有了开头那句俗语，后来又被人们引申为：如果没有那么大的本事，就不要干超越自己能力的事情。

所谓的"金刚钻"，就是金刚石的俗称。金刚石是一种由纯碳组成的矿物，正八面体晶体，密度为 3.52 g/cm^3，熔点为 3550 ℃ ~ 4000 ℃，依照莫氏硬度标准的分级，金刚石为最高级第 10 级，素有"硬度之最"的称号。金刚石具有各种颜色，从无色到黑色都有，可以是透明的，也可以是半透明或不透明的。大多数的金刚石都带有黄色，其折射率极高，色散也很强，在古时候被称为"夜明珠"。

金刚石因其有超硬、耐磨、热传导、半导体及透远红外光等优异的物理性能，被广泛应用于各工业领域，如精细研磨材料、高硬切割工具、各类钻头、拉丝模等。除此外，金钢石还被用作很多精密仪器的部件。

金刚石是纯碳组成的矿物，那么同样是纯碳组成的石墨为什么硬度却非

常低呢，甚至比我们的指甲还要软呢？其实早在 1913 年，英国物理学家威廉·布拉格父子就针对这一问题做了相关研究。他们通过 X 射线观察金刚石，发现金刚石的晶体内部，每一个碳原子都与周围的 4 个碳原子紧密结合，形成一种致密的三维结构，这种结构使得金刚石的密度约为 3.5 g/cm^3，大约是石墨密度的 1.5 倍，正是这种致密的结构，使得金刚石具有最大的硬度，也就是说，原子排列方式的不同造就了金刚石与石墨之间物理性质的巨大差异。

最常见的矿物——方解石

大自然拥有丰富的矿物晶体，它们随着地球经历了几十亿年的演变，在岩石的缝隙和空洞中不断成长，形成矿物晶簇。其中，就有我们最常见的矿物晶体——方解石。

方解石是一种碳酸钙产物，三方晶系，晶体形状多种多样，它们的集合体可以是一簇簇的晶体，也可以呈粒状、块状、纤维状、钟乳状、土状等。方解石的莫氏硬度为3；密度为 $2.6 \sim 2.8 \ g/cm^3$；颜色透明，呈无色或白色，有时含杂色；具有玻璃光泽；质地坚硬，易被砸碎。敲击方解石可以得到很多方形碎块，故其名为方解石。

方解石在自然界中分布极广，是地球造岩矿石，占地壳总量的40%以上，其种类不低于200种，主要代表产地有中国、墨西哥、英国、法国、美国、德国。

很多天然溶洞被设立为景点，供大家观赏。当进入溶洞，映在眼前的那些质地坚硬、乳白温润的石钟乳和石笋，伴随着音乐般的滴答滴答的水声，使人感觉仿佛置身仙境。构成这些景观的主要成分就是方解石，它们在大自然的鬼斧神工下雄伟奇丽，让人们惊叹不已。

方解石除了美观之外还有很多用处。它们在冶金工业上用作溶剂，在食品中用作填充添加剂，在建筑工业方面用来生产水泥、石灰，生活中也可用于塑料、纸、牙膏等产品中做填充物。

美丽的"杀手"——毒砂

大自然中有着多种多样的矿物质，在为人类提供资源的同时，一部分矿物因其毒性而被人忌惮。毒砂便是其中之一。虽然它形状奇特，美不胜收，但体内却蕴含着巨大的毒性，所以人们称之为美丽的"杀手"。

毒砂，在中国的古代被称为白砒石，其化学成分为铁砷的硫化物，又叫砷黄铁矿，含砷达46.01%，是制取砷和各种砷化物的主要矿物原料。晶体属单斜或三斜晶系，主要呈柱状，集合体成粒状或致密块状，颜色为锡白色，有金属光泽，莫氏硬度在5.5～6之间，比重为6.2。用锤子敲打毒砂时会发出一股蒜味儿，其实这就是砷的味道，砷是制作砒霜的主要原料，所以人们称之为"砒石"。古时候人们将毒砂砸成小块，去除杂石，用煤、木炭或木材烧炼，直至升华，便是砒霜。

毒砂常产于高温热液矿床、伟晶岩及交代矿床中，在钨锡矿脉中与黑钨矿、锡石共生。毒砂是分布最广的一种硫砷化物，常含类质同象混入物为钴，所以毒砂除可以作为提取砷及制造砷化物的原料外，还可以用来提取钴。

世界上著名的毒砂产地有德国、英国、加拿大等，中国的毒砂矿主要分布在湖南、江西、云南等地。

矿物中的"姐妹花"——孔雀石与蓝铜矿

孔雀石是一种古老的玉料，中国古代称之为"绿青"、"石绿"或"青琅玕"。它的主要成分是含铜的碳酸盐矿物，属单斜晶系，晶体形态常呈柱状或针状，硬度为 3.5 ～ 4.5，密度为 3.54 ～ 4.1 g/cm³。自然界中常见的为钟乳状、块状、皮壳状、结核状和纤维状集合体。孔雀石颜色有绿、孔雀绿、暗绿色等，常有纹带，有丝绢光泽或玻璃光泽，似透明至不透明，由于颜色酷似孔雀羽毛上斑点的绿色而获名孔雀石。

孔雀石产于含铜的硫化物矿床氧化带，常与其他含铜矿物共生。世界著名产地有澳大利亚、赞比亚、纳米比亚、刚果（金）、俄罗斯、美国等。中国主要产地有广东阳春、湖北大冶和江西西北。

蓝铜矿是一种碱性铜碳酸盐矿物，也叫石青。蓝铜矿多呈柱状、厚板状、粒状、钟乳状等，有着深蓝色的玻璃光泽，莫氏硬度为 3.5 ～ 4，比重为 3.7 ～ 3.9。蓝铜矿可作为铜矿石来提炼铜，也可用作蓝色颜料，质优的还可制作成工艺品。蓝铜矿是寻找铜矿的标志矿物，地质员在野外找矿的时候，只要看到蓝铜矿，就知道附近一定有铜矿体的存在。

蓝铜矿亦产于铜矿床氧化带，优质的晶体主要产于美国、纳米比亚、俄罗斯的乌拉尔山等地，我国的广东也有蓝铜矿。

孔雀石和蓝铜矿均是含铜硫化物矿床氧化带的分化产物，二者"亲密无间"，有

时呈共生关系。当湿度增大时，蓝铜矿可能变为孔雀石；而遇干燥季节，并在有足够数量的碳酸条件下，孔雀石可转变为蓝铜矿。相对而言，蓝铜矿比较容易转变成孔雀石，所以蓝铜矿分布没有孔雀石广泛。当孔雀羽毛般的绿与青花瓷般的蓝相遇，它们宛如矿物中的一对"姐妹花"，色彩绚丽，美不胜收。

全身是宝的油页岩

地球拥有着丰富的矿产资源，每一种都是大自然赐予我们的礼物。油页岩也是其中的一份子。油页岩又称油母页岩，是一种高灰分的含可燃有机质的沉积岩，为低热值固态化石燃料，其世界总储量折算成发热量仅次于煤。

油页岩的形成与煤有相似之处。近海和沼泽盆地里的动植物，在地壳变动中随着泥沙一起埋入地层深处，经过几千万年的物理与化学变化，才成为我们今天发掘出来的油页岩。人们在现代开采出来的油页岩矿中，常常发现动物、古树等化石，这便是证明它身世的有力证据。

为什么说油页岩全身是宝呢？因为它不仅可以燃烧发电，还可以通过低温干馏提炼出类似石油的页岩油。而平常的石头无论怎样提炼，也是无法熬出油来的。页岩油是含有液态的碳、氢、氧、氮和硫的化合物，可以被制作成汽油、柴油或者作为燃料油，其作用与石油相同。

用页岩油制取轻质油品，或制取与石油有同等作用的合格液体燃料，大大降低了石油的制取成本，所以页岩油被称为人造石油。

油页岩不单单用于燃烧发电与炼油，在炼油过程中还能得到许许多多的副产品：硫酸铵可作肥料；酚类和吡啶可用作生产塑料、染料、药物的化工原料；排出的气体，如同煤气一样，可作气体燃料；留下的页岩灰渣，可以用来制造水泥熟料、陶瓷纤维、陶粒等建筑用材。

总而言之，油页岩可谓全身是宝。

从目前来看，虽然油页岩的资源很丰富，用处比较广，但利用率相对较低。随着石油能源的消耗和减少，也许油页岩的开发利用将承担能源重任，但油页岩与煤、石油一样，都是不可再生资源，需要得到合理的开发和利用。

地下宝藏——煤

在我们的生活中，有一样东西出镜率特别高，它黑不溜秋，普普通通，看起来脏兮兮的，但它却是大自然馈赠我们的一个宝藏，它就是煤。煤不仅是生活中不可或缺的一部分，也是工业发展的主要能源之一，是冶金、化学工业的重要原料，主要用于燃烧、炼焦、气化、低温干馏、加氢液化等，所以被称为工业的"粮食"。在世界煤炭资源的产量中，我国是第一产煤大国，煤炭产量占世界首位，但我国也是煤炭消费量最多的国家。

煤如此重要，那它是怎么形成的呢？

煤，指古代的植物压埋在地底下，在不透空气或空气不足的条件下，受到地下的高温和高压年久变质而形成的黑色或黑褐色矿物。我们可以将煤的形成分成主要的三大步。

我们先将思绪追溯到三亿年前，当时的地球阳光充足，气候湿润，给植物的生长提供了充足养料，所以当时的植物极为繁茂。这些植物经历自然的更新交替，死亡后的遗体被雨水冲积到低洼地带并不断地堆积，形成了堆积层，被泥沙隔绝了空气，经过了一系列的化学反应，植物堆积层的结构逐渐发生了变化，形成了泥炭层，也就是煤形成的第一步——菌解阶段，也叫泥炭化。

泥炭层形成后，随着地球内外力的作用，泥炭层不断地下沉，发生了压实、失水、老化、硬结等变化，使得原来松散的泥炭固结形成坚硬的褐煤，这便是第二阶段的形成——煤化阶段。

褐煤的密度比泥炭大，继续下沉，在高温高压的作用下，继续经受着压实、失水、脱氧等物理和化学变化，变成烟煤。烟煤比褐煤的碳含量高，氧含量低，烟煤继续着变质作用形成了无烟煤，无烟煤的碳含量也随着变质程度的不断加深而增高，这便是煤形成的第三阶段——变质阶段。

煤虽然是亿万年前大量的植物埋藏在地下孕育而成的，但并不是所有的植物都能形成煤，有一部分转变成了化石，而更多的则是随着时间的推移被分解转化。

煤的利用具有着利弊两面性。煤在国民经济发展和人们生活中起着极其重要的作用，但煤的过度开采和大量利用对环境亦产生着一定的破坏作用。煤可以说是地球花费了亿万年的时间赐予我们的宝贵资源，所以我们要学会更好地利用它。

具有磁性的矿物——磁铁矿

磁铁在我们的日常生活中无处不在，如：冰箱门的磁条，眼镜盒、文具盒的磁扣，玩具中的小马达等。那么磁铁是什么呢？磁铁分为人造磁铁和天然磁铁两种。

人造磁铁多半是用铁、镍、钴及其合金制成的。

天然磁铁就是磁铁矿，为氧化物类矿物磁铁矿的矿石，属等轴晶系，它的主要成分是四氧化三铁（Fe_3O_4），颜色多为铁黑色。磁铁矿常产于岩浆岩、变质岩中，在海滨沙中也常存在，在我国的山东、河北、辽宁、黑龙江、广东、四川、云南等大多数地区都有分布。

磁铁矿是最重要的含铁矿物，也可以说是磁性最强的天然矿物。

它的强磁性，早在两千多年前，就被中国人民发现并加以利用。据说，秦始皇建阿房宫时，为了防止刺客潜入宫殿刺杀他，就命工匠用磁石来砌筑外人入宫的必经之路——北阙门，利用磁石的吸铁特性来暴露身怀利刃的刺客，这应该是利用磁石制造的最早的警卫装置了。

现如今，人们发现了磁铁矿微粒对微波电磁辐射具有很强的吸收能力，人们将它及其衍生物涂在飞机、坦克、舰艇表面，使其对敌方雷达微波不产生反射，从而达到"隐身"的目的，因此它又成为近代国防工业的"宠儿"。

除此外，磁铁矿还可以用来提炼生铁和炼制各种钢材与合金钢；可以做滤料，具有过滤速度快、截污能力强、使用周期长的特点，在除铁、除锰、除氟等方面也有不错的作用，也被应用于生活用水、工业污水等的净化处理中。

长"毛毛"的石头——石棉

大千世界，无奇不有，听说过长毛毛的动物，怎么还会有长毛毛的石头呢？实际上，这个长毛毛的石头叫石棉，是我们生活中很常见的一种工业材料。

石棉，又称"石绵"，是天然的纤维状硅酸盐类矿物质的总称。自然界中总共有6大类硅酸盐类矿物质可以被称为石棉，最常见的是白石棉、褐石棉和青石棉。所谓的"毛毛"就是一种天然的纤维。因有这些纤维，石棉具有良好的伸展性，可用于制作纺织物，如石棉绳、石棉带、石棉布等。但石棉并不耐折皱，经数次折皱后拉伸强度将明显下降。此外，石棉具有较强的耐火性、电绝缘性和绝热性，因而被广泛应用于高温工业的防护工具、各种机械的隔热防腐等设施上。

总的来说，石棉的用途极广，在日常生活、工业及建筑行业中都有它的身影。但对它的利用也有对人有害的一面，早在20世纪70年代，人们就发现石棉不仅会导致人肺部发生纤维化，形成尘肺病，还会诱发支气管肺癌、胸腹膜间皮瘤和其他恶性肿瘤。

石棉本身并无毒害，但它细小的纤维被吸入人体后就会附着并沉积在肺部，造成肺部疾病，而且这些肺部疾病往往会有很长的潜伏期。

现在，世界卫生组织已经将石棉定为一级致癌物，很多国家都在减少或禁止使用石棉。

可以辨别方向的石头——冰洲石

曾有一个传说：数百年前，在北大西洋上有一群海盗，他们常因航线被浓雾笼罩而迷失方向，后来他们发现了一种石头，称作"日长石"，即使在阴天的时候，将石头举在空中，也可辨别太阳的位置。科学家的研究表明，这个传说其实是有一定的科学依据的，所谓的"日长石"其实就是冰洲石。

冰洲石是无色透明的方解石，具有特殊的物理性能，被称为特种非金属矿物，因最早发现于冰岛而得名。冰洲石具有一种非常独特的功能——双折射，如果用一束自然光照射冰洲石晶体，就会产生双折射现象而将入射光分解成两个互相垂直的偏振光。这些海盗们就是利用光线的偏振原理，判断自己的位置。

那么，什么是双折射呢？

双折射即光束入射到各向异性的晶体，分解为两束光而沿不同方向折射的现象。这种双折射现象用一种简单的实验便可以观察到：将冰洲石放在书上，一条线就会变成两条线；一个字就会变成双体字。如果转动冰洲石，当入射光接近平行光轴时，双线就会消失；当入射光接近垂直于光轴时，就会产生最大的双折射现象，双线间距最大。

自然界已经发现的矿物达数千种，其中双折射率最高的就是冰洲石，达到0.1720。

因为它特殊的物理特性，冰洲石被广泛应用于现代的科技领域，是一种稀有的、理想的光学偏振材料，主要用于制造特种光学仪器，如偏光镜、分光镜、比色计等，在激光工业上它也是必不可少的偏振材料。

傻傻分不清的菱镁矿与绿松石

近些年，随着文玩的兴起，绿松石也越来越火，价格被炒得越来越高。随之而来的便是一些不法商贩为了牟取暴利，打起了歪主意，于是菱镁矿不幸被选中，成为了冒充绿松石的主要材料。

菱镁矿是一种碳酸镁矿物，它是镁的主要来源。含有镁的溶液作用于方解石后，会使方解石变成菱镁矿，因此菱镁矿也属于方解石族。菱镁矿中还常常含有铁，这是铁或锰取代掉镁的结果。菱镁矿的颜色主要是白色或灰白色，具玻璃光泽，含铁的菱镁

矿会呈现出黄到褐色。菱镁矿除了可提炼镁外，还可用作耐火材料和制取镁的化合物。

菱镁矿主要产自具有有机组分的沉积岩中，例如黑色页岩、煤层中，我们可以设想一下菱镁矿的形成环境：一个古代的沼泽地区，许多植物的残块，树干、枝叶等散布其中，而这些都是煤矿、煤炭形成的温床，由于这个环境中有水、有溶解的镁质，还是个缺氧的环境，因此也成了诞生菱镁矿的摇篮，这也是含煤沉积岩中常见菱镁矿的原因。

为什么能用菱镁矿来冒充绿松石呢？

正常情况下，大家不会把菱镁矿与绿松石混淆，但菱镁矿本色以白色为主，质地疏松，容易沁入颜色，价格低廉，所以不法商贩便会将其染色，染色后菱镁矿会出现网状纹，为了制造出绿松石的铁线效果，他们会在裂隙的地方染上深色，从表面上看效果甚是逼真。

不过菱镁矿虽然易被染色，但往往会出现染色不均匀的情况，许多地

方可以找到菱镁矿发白的原色，而且绿松石的硬度在 5 ~ 6，而菱镁矿的硬度只有 3.5 ~ 4.5，用坚硬的东西在二者身上划一下，绿松石不会有明显的划痕，菱镁矿稍微一用力，就会出现明显的划痕。

旷世美物——自然金

自然金俗称"狗头金"。自然金是自然产生的金元素矿物。产于热液成因的石英脉或黄铁矿脉中的称为脉金；产于砂矿中的称为砂金，块状自然金主要产自砂矿中。自然金的颜色和条痕为金黄色，具有强金属光泽，密度大，硬度在 2.5 ~ 3 之间，延展性强。

自然金是由金属组成的晶格，金属键并无饱和性和方向性，所以这给金的粒度任意改变创造了条件，使得自然金形状各异，可以是树枝状、粒状、片状、块状甚至是动物形状等，有的自然金也因此有了"狗头金"的俗称。

对于矿物收藏家们来说，那些未经冶炼自然形成且形态发育良好的自然金，是自然矿物中最令人痴迷的品种之一。它们价值连城，不仅具有学术价值，还具有观赏和收藏价值。

提到自然金，我们便想到了淘金人。古代在没有精密测量仪器的条件下，人们在淘金的时候会拿上一块黑色的石头，也就是试金石。试金石的石块大都是致密坚硬的黑色硅质岩，如硅质板岩、燧石岩等。淘金人将发现的金块在这种黑色石头上划一下，根据在石头上留下的条痕色，可以快速、粗略地测试金块的成色，一般有七青、八紫、九赤之说，即七成金呈青色条痕，八成金呈紫色条痕，九成金的条痕色就达到红色了。

随着科技的发展，电子探针法、X 射线荧光法等精准测试方法，在自然金鉴别的精准度上有了很大的优势，所以试金石逐渐开始退出鉴别黄金的舞台。

02 GUSHENGWUPIAN
古生物篇

这里沉睡着无数段亿万年前的生命故事……

生物如此，地层生长也一样具有特殊规律，即从下至上，由古变新。它像是一本保存了上亿年的古书，真实地记录着发生在这里的每一段故事。

　　地质学家把 5.4 亿年前到现在的这一段地球历史划分为 3
个阶段，并根据生物进化的顺序和规律，把它们分别命名为古
生代（5.4 亿—2.5 亿年前）、中生代（2.5 亿—0.66 亿年前）
和新生代（0.66 亿年前—今天）。顾名思义，它们代表了地球
上的生物进化，穿越"古老阶段"，经过"中间阶段"再到"新
生阶段"的演替过程。

第一节 中生代古生物
ZHONGSHENGDAIGUSHENGWU

在地质年代中，中生代开始于2.5亿年前，结束于6600万年前，分为三叠纪、侏罗纪和白垩纪。那个时候从海洋、陆地直到天空，都是爬行动物的天下，所以中生代也被称为爬行动物时代。在中生代，恐龙出现并繁盛，而哺乳类和鸟类也开始出现，同时还有许多辉煌并延续至今的无脊椎动物。

无论生命来自何方又将去向何处，每种曾经或正在地球上繁衍的生命都是一个不朽的传奇，而它们留下的化石则是生命演化的墓志铭，蕴藏着无数段历史的记忆和史前的生命信息，一个正在改变世界的物种，与一个曾经称霸世界的物种，在沧海桑田的两端遥遥相望……

让我们一起步入中生代展厅，了解曾经生活在地球上的生命传奇。

空中的"胖子"——孟氏丽昼蜓

蜻蜓是我们生活中十分常见的一类昆虫，夏天的水边总少不了它们的身影。蜻蜓的家族有着悠久的历史，它们最早出现于距今3.5亿—2.9亿年前的石炭纪。我国发现的大多数蜻蜓化石属于中生代时期，保存状况很好，轮廓较完整。

这件化石叫孟氏丽昼蜓，发现于辽宁义县头台乡破台子，时代是早白垩世，现收藏于大连自然博物馆。标本前翅长52 mm，宽13 mm；头部大且转动灵活，复眼大，单眼3个；两对翅膜质而透明，横脉多，翅前缘近翅顶处常有翅痣；腹部细长，12节。雄性在腹部第2、3节腹面形成交合器。稚虫又称水虿，口部特殊，有脸盖。孟氏丽昼蜓常栖息于河湖沿岸，捕食水中的小动物，如蜉蝣及蚊类的幼虫，大型种类还能捕食蝌蚪和小鱼。

在中生代，可能是由于大气含氧量较高，地球上出现了许多捕食昆虫的脊椎动物，而体形较大的蜻蜓很容易被捕食者发现，为了适应生存的环境，它们的体形逐渐缩小，到了白垩纪，体形便与现生类群比较接近了。

海百合——动物？植物？

有一种动物，形态同百合花一样美丽，人们叫它"海百合"。虽然它的名字还有美丽的外表和百合花相近，但它却是一种始见于寒武纪早期海洋中的棘皮动物，是这个家族中最古老的种类。

全世界现有 600 多种海百合，常分为有柄海百合和无柄海百合两大类。有柄海百合以长长的柄固定在深海底，那里没有风浪，不需要坚固的固着物；柄上有一个"花托"，包含了它所有的内部器官。无柄海百合没有长长的柄，而是长有几条小根或腕，口和消化管也位于花托状结构的中央，既可以浮动又可以固定在海底。

海百合死亡以后，它的钙质茎、萼很容易形成化石，但由于海水的扰动，这些茎和萼总是散乱地被保存下来，失去了百合花似的美丽姿态。如果它们恰好生活在特别平静的海底，死亡以后，它们的姿态就会被完整地保存下来，成为化石。由于这种环境比较苛刻，所以这样的化石也显得格外珍贵，它为地质历史时期的古环境研究提供了重要的证据。

最后的晚餐——大鱼吃小鱼

　　大连自然博物馆中生代展厅中展示了一件罕见的鱼类化石。它呈现了1亿多年前一条大鱼正在吞食小鱼的珍贵画面。

　　大鱼是卡拉矛普莱弓鳍鱼，属于桑塔纳鱼类，在它嘴里的是一条体形稍小的文库剑鼻鱼。从化石的表面观察，不难发现剑鼻鱼的头部已经插到了弓鳍鱼泄殖腔孔的部位，尾巴却还有很长一截露在外面。单从体形上看，其实这条卡拉矛普莱弓鳍鱼并不足以吞下这条文库剑鼻鱼。但谁也说不清到底为什么会发生这样一幕，也许是因为饥不择食，也许是因为灾害性的地质变动……总之，大自然用神奇的手法让它们变成了化石，并展现在我们面前。这种标本形成的概率是小之又小，还能保存得如此精美和完整，真的达到了令人叹为观止的程度。

　　我们平时在博物馆里看到的鱼化石，大多是相对平坦圆滑的，而桑塔纳鱼类化石则都是以结核状态保存的。那么什么是结核状态呢？化石的形成必须经历苛刻的保存条件，比如生物死亡后要迅速埋藏；无生物扰动；不能因为自然营力作用暴露于自然界中等。巴西结核鱼化石也是经历了这样苛刻的条件，但不同的是，在成岩作用之前，水中的泥土、钙质、磷酸盐等矿物质共同胶结，在鱼体周围形成了一个包膜，将鱼包裹其中，然后再压实、成岩，最终形成了钙质结核鱼。这种鱼类化石不仅细节保存完整而且能够立体呈现鱼的形态。

体形丰满的孟氏大连蟾

孟氏大连蟾是一种生活于白垩纪早期的无尾两栖类。个体中等大小。头骨很大，具有密集的梳状细齿，前肢粗短，后肢细长。与现在的蟾蜍相比，孟氏大连蟾体形较胖，脑袋和脖子也相对较粗，骨骼偏细，这说明孟氏大连蟾没有现代蟾蜍和青蛙行动敏捷。

孟氏大连蟾于1999年发现于辽宁省北票上园，现收藏于大连自然博物馆。属名"Dalian"指化石保存地大连市，种名"Meng"赠与孟庆金研究员。

此件化石为正、副模对开。标本不仅骨骼保存完整，而且皮肤和肌肉印痕保存清晰。

孟氏大连蟾的发现打破了中国中生代没有无尾两栖类化石的记录，填补了锄足蟾科和盘舌蟾科化石的空白。

鱼形的蜥蜴——鱼龙

　　鱼龙，意为"鱼形的蜥蜴"，最早出现于早三叠世（约2.5亿年前），在晚白垩世早期灭绝。二叠纪与三叠纪之交，地球发生了历史上规模最大、范围最广的一次生物集群灭绝事件，这次事件导致了当时海洋中约95%的物种和陆地上约75%的物种灭绝，一部分爬行动物重返海洋，鱼龙便是其中之一。

　　为了适应水生环境，鱼龙的身体结构发生了巨大的变化，如身体呈流线型、四肢演化为鳍状等。鱼龙用肺呼吸，每隔一段时间必须到水面上换气，与如今的海洋哺乳动物相同，但鱼龙和海

洋哺乳动物有一个重要的区别是尾巴的姿态：在游动时，鱼龙的尾巴垂直于水面左右摆动，海豚等海洋哺乳动物的尾巴则是上下摆动。

很多鱼龙化石保存得十分精美和完整，这是因为鱼龙死亡后被淤泥快速埋藏，进而阻碍了软体组织的腐烂，使得化石能完整地保存下来，也得以让古生物学家获取更多的信息。在鱼龙的胃里，人们发现了很像乌贼的箭石化石，这足以证明鱼龙是海中的掠食者。此外，一些鱼龙的腹部还保存有小鱼龙的胚胎，这就说明鱼龙并不是卵生，而是卵胎生。

基于化石，人们推测鱼龙在分娩时，鱼龙宝宝的尾巴会先从母体中出来，这样可以保证鱼龙宝宝出生后能在最短的时间内上升到水面进行呼吸。如果鱼龙宝宝的头先伸出母体，极有可能会被淹死，也会危及母体的生命。

天空中的霸主——郭氏青龙翼龙

翼龙，中生代天空中的霸主，很多人以为翼龙就是会飞的恐龙，其实翼龙不是恐龙，是一种能够飞行的爬行动物，同时也是地球历史上最早获得动力飞行的脊椎动物。翼龙产生于晚三叠世（约2.3亿年前）而绝灭于白垩纪末期（约6600万年前）。

中国是全世界翼龙化石种类最多、数量最丰富的国家之一。我国最早的翼龙是发现于辽西建昌中侏罗世早期髫髻山组的达尔文翼龙、凤凰翼龙，河北青龙县的青龙翼龙、木头凳树翼龙及内蒙古宁城道虎沟的宁城热河翼龙和翼喙翼龙；而最晚的翼龙是发现于浙江临海晚白垩世的浙江临海翼龙。

郭氏青龙翼龙是我国发现时代最早的翼龙类之一。这件标本来

自河北省青龙县木头凳镇，属于喙嘴龙类一个新属种。青龙翼龙头骨呈三角形；下颌前端愈合形成齿骨联合，长有骨突；牙齿长钉状且略微弯曲，齿间距较宽；两翼展开宽约 36 cm，翼小骨较短且远端扩展为明显的瘤状。青龙翼龙的发现对认识喙嘴龙类演化具有重大意义。

取名为鸟的恐龙——中华龙鸟

人们一直对鸟类的起源有多种猜测，直至中华龙鸟的发现，为鸟类起源、羽毛的起源和演化等问题，提供了重要的材料依据。中华龙鸟化石发现于 1996 年辽宁北票上园乡，开始人们以为这是一种原始鸟类，所以定名为"中华龙鸟"，但后来经研究证实它其实是一种小型食肉（兽脚类）恐龙。

中华龙鸟生活在距今大约 1.25 亿年前的白垩纪早期，体长约 1 m，前肢粗短，爪钩锐利，后肢较长，适宜奔跑，全身覆盖着类似羽毛的皮肤衍生物。古生物学家对这些皮肤衍生物进行研究，发现这些"羽毛"处于进化的初级阶段，只能称为"原羽"或"前羽"，其主要作用是保护皮肤和调节体温。

中华龙鸟是恐龙向鸟类演化的过渡型动物，它的发现为鸟类起源于小型兽脚类恐龙的假说提供了重要证据。

长着"鸟嘴鸟胃"的恐龙——鹦鹉嘴龙

鹦鹉嘴龙是一种小型植食性恐龙，生活在白垩纪早期，成年个体长为 1 ~ 2 m，因嘴的形状和鹦鹉的喙较为相似，故得名鹦鹉嘴龙。

鹦鹉嘴龙喜欢群居生活，主要栖息于低洼的湖泊和河流岸边，它们的牙齿可以切割坚硬的植物，并吞食胃石帮助消化食物。

鹦鹉嘴龙化石主要分布在西伯利亚、蒙古、中国等地，数量很多，且种类丰富，这为研究它们的形态、系统发育、行为、古地理分布等提供了有利条件。

图中这件标本发现于辽宁省北票，距今约 1.2 亿年，是迄今为止世界范围内发现个体数量最多、保存最好的鹦鹉嘴龙化石。这窝鹦鹉嘴龙由 1 只较大的个体和 34 只幼年个体组成，姿态以趴卧为主，多数个体骨骼关联保存，其中较大的一只头骨长约 11.6 cm，体长 1 m 左右，最小的头骨长约 3 cm，体长 15 cm 左右。

这件标本具有十分重要的科研意义，它表明鹦鹉嘴龙可能同现生鸟类一样，具有育幼行为。这也是人们第一次获得恐龙具有抚育后代

行为的确凿证据。新的研究发现，这窝鹦鹉嘴龙中的较大个体与小鹦鹉嘴龙不一定是亲代关系（父母与子女），也许是利他行为的育幼协作者，在现生动物中，这种合作生殖现象比较常见。

在辽西地区发现的第一种大型蜥脚类恐龙 ——东北巨龙

东北巨龙化石出土于辽宁省北票，是在"热河生物群"中第一次发现的大型蜥脚类恐龙，是迄今为止在辽宁乃至东北地区发现的最大的恐龙化石之一，也是第一次在辽西发现的巨龙形类恐龙。

这件东北巨龙是大连自然博物馆大型装架恐龙中唯一的一个模式标本。不仅如此，它也是迄今为止发现的第一件蜥脚类恐龙骨骼上保存有兽脚类恐龙牙齿的化石标本，是这两类恐龙之间捕食和被捕食的关键证据。

根据这个牙齿，人们推测该恐龙可能是个体死亡后，遭到食肉性恐龙的啃食，或者是生前在激烈的打斗过程中，牙齿嵌入其骨骼中的。

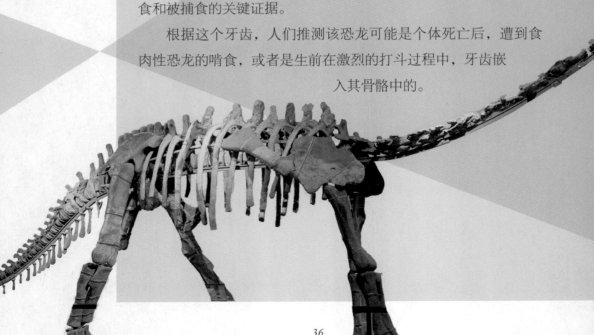

世界上最早的花？——中华古果

辽宁西部地区在远古时代曾经是一片河湖密布的地域，树木茂盛，多种生物在此繁衍生息。这里不仅有种类繁多的爬行类、鸟类、哺乳类、两栖类等脊椎动物化石，还有大量的植物化石，其中中华古果的发现，为人们了解被子植物的起源和演化提供了重要线索。

第一个中华古果化石发现于辽宁省北票黄半吉沟，该发现一经报道便引起了全球多行业的广泛关注。这是因为中华古果时代较早，被研究者称为"第一朵花"。实际上中华古果是古果属的第二个种，辽宁古果和始花古果也是其中的重要成员，这类植物主要发现于辽宁省的西部。

会开花是被子植物区别于其他植物的显著特点之一。中华古果就是一种古果属的草本植物。化石包括生殖枝、营养枝、主根和侧根等，心皮保存在可育枝顶部，其下排列有雄蕊柄，柄上有花药。心皮包有8～12个类似蓇（gū）葖（tū）果的果实，未见花瓣、花萼或苞片。

然而，古果也是目前争论最多的植物化石，争论主要围绕古果的年代是否是最早，是否具有早期被子植物的特点等。虽然这些问题还有待进一步评估，但古果的发现，对于人们了解早期被子植物无疑是一个重要的窗口，它在一定程度上填补了达尔文所谓的"讨厌之谜"，即那些在生物演化中缺失的环节。

第二节 新生代古生物

XINSHENGDAIGUSHENGWU

在经历了 6600 万年前的那次生物大灭绝后，地球进入了新生代。新生代是地球历史的最新阶段，分为古近纪、新近纪和第四纪。晚新生代一般从中新世开始，大约在 2300 万年前开始进入晚新生代。

第四纪是新生代的最后一个纪，从第四纪开始，全球气候出现了明显的冰期和间冰期的交替；第四纪是地质历史上最新的一个时期，如今的洋陆格局、地貌、气候就是在这个时期最终形成的，还有特别重要的一点，我们人类的现代文明就是从第四纪发源、发展而来的。

大连是我国第四纪研究的一个重点地区，第四纪古生物化石是大连自然博物馆馆藏的重要特色之一。现在让我们一起走进晚新生代哺乳动物的世界。

名虎非虎——巴氏剑齿虎

巴氏剑齿虎主要生存在距今 1000 万—600 万年前的晚中新世时期，是在中国发现的最著名的剑齿虎之一。虽然它们名声赫赫，名字中有"虎"字，但是它们却不是虎，而只是进化得非常成功的大型猫科动物。它们长相酷似老虎，生活习性其实更

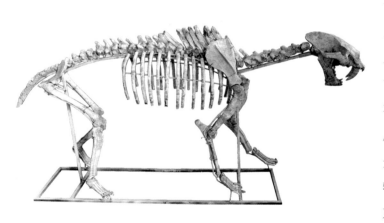

像狮子。是群居动物。那为什么叫它剑齿虎呢？

原来它们肩高 1.5 m 左右，牙齿总长约 15 cm，露出部分是短而弯的弯刀形齿，长度约为 7 cm，前后缘都有锯齿，它们也正是因为拥有这较短的剑齿而被称为短剑剑齿虎。

剑齿虎经常捕食一些大型的食草动物，如野牛、犀类动物、驼类动物等。剑齿的使用方式历来是古哺乳动物研究中最热门的话题之一。

关于剑齿虎的牙齿是怎样发挥作用的有很多种观点，"刺穿说"认为它们的犬齿非常适合于刺穿肌肉，剑齿虎会先用前肢扑倒猎物，然后用犬齿刺穿猎物的喉咙或者腹部，等猎物因为失血过多而死掉后，剑齿虎再用犬齿将猎物切割成小块吃掉。

史前清道夫——最后斑鬣狗

就像巴氏剑齿虎并不是"虎"一样，最后斑鬣狗虽然名字中带有"狗"字，但它却不属于犬科，反而和猫科动物的亲缘关系更近些。在第四纪晚更新世，生活着很多群居动物，其中就有捕食能力很强、性情凶猛、群体内部等级严格、首领是成年雌性的最后斑鬣狗。那它为什么叫鬣狗呢？

因为鬣狗的外形和食性特点上非常像狗，所以生物分类学的鼻祖林耐就把它放在狗属里。仔细观察鬣狗的外形，你就会发现它和狗大有不同。它的前腿更长一些，颈部和背部高耸，比臀部要高，背部有长长的毛。所以它的拉丁文名字的意思是"背部高耸而有鬣毛的狗"，中文翻译过来就叫"鬣狗"。

最后斑鬣狗化石在我国的大部分省份都有发现，它的遗迹分布比较广。有意思的是我们经常会找到很多鬣狗的粪便化石，极少能见到其他动物的粪便化

石，这是为什么呢？原来，鬣狗喜欢吃动物骨骼中的骨髓等，它们用粗壮的圆锥形的上下臼齿压碎骨骼，因此产生很多不容易被消化的骨头残渣，粪便因含有很多没有被消化的骨头而比较容易保存下来形成化石。

瘦弱的牛——短角丽牛

我们现在在图中看到的是短角丽牛化石骨架。牛科动物在有蹄类动物中是进化最成功、最先进的一支。丽牛是生活在早更新世到中更新世亚欧大陆的原始牛科动物，是最早出现的真牛，野牛就是由丽牛演化而来的，丽牛等真牛类的出现标志着第四纪的开始。

丽牛的意思并不是长得美丽的牛，而是指瘦弱的牛。雄性丽牛头上有一对细长、轻微弯曲的直角，而雌性不仅没有角，个头也要小一些。牛的角和羊角、犀牛角都不一样，牛角属于"洞角"，由两部分组成，即从额骨延伸出来的角心和外面的角套。角套是空心的，套在骨质的角心上，角套和毛发、指甲、鳞片、羽毛一样，是角质的。短角丽牛的个头比现代的黄牛、水牛要小，头骨低而窄，构造比较原始。短角丽牛在草原上过着群居生活，虽然有尖锐的牛角和快速奔跑的能力，但还是在中更新世晚期消亡了。目前分析全球气候变冷很可能是短角丽牛灭绝的最大原因。

家牛的祖先——原始牛

原始牛是典型的冰河时期动物，出现于距今200万年前的早更新世，它们不仅适应干冷的气候，还能适应温暖的环境。有研究表明，原始牛在更新世时期分布最广，是除爪哇牛、大额牛、牦牛以及水牛外所有家

牛的祖先。原始牛的体形远大于一般家牛，一头较大的家牛肩高也仅有 1.5 m，而原始牛可达 1.75～2 m，体长 2.5～3.3 m，体重可达 1000 kg。

原始牛的形象曾多次出现在洞穴岩画上，这说明在史前时期原始牛与古人类共同生存过。由于人类的大量捕杀，原始牛的数量骤减。大约 1359 年，除了波兰外、东普鲁士、立陶宛的原始牛相继灭绝了。到 1599 年时，只剩下 20 多头原始牛生活在波兰西部的森林中。到了 1620 年，便只剩下最后一头。这头原始牛一直活到了 1627 年，它的死亡宣告了曾经征服过亚、非、欧三大洲的强大物种——原始牛的彻底灭绝。幸运的是在 8000 年前人类就已经开始驯养原始牛，所以我们还可以看到很多原始牛的子孙生活在我们身边。

骆驼里的大个子——巨副驼

被称为"沙漠之舟"的骆驼大家都有见过，甚至很多人都骑过。那么远古的骆驼是什么样子的呢？

骆驼科动物大约在 5000 万—4000 万年前起源于北美洲，在距今约 750 万—700 万年的中新世晚期，有一支迁徙到欧亚大陆和非洲，经过副骆驼属演变成现代的骆驼属（包括单峰驼和双峰驼这两个现生种和几个化石种）；一部分留在北美阿拉斯加等地，演变成极地驼，于更新世灭绝；一支向南到达南美洲，演变成现代的美洲驼（无峰驼，包括羊驼和骆马2个属）。

我们现在看到的在大连骆驼山金远洞发现的巨副驼化石，可以说是目前国内保存最完整的巨副驼头骨化石。巨副驼是一种大型的骆驼，站立时身高可超过3 m，差不多是现生骆驼的1.5倍。它生活的时代也比较早，距今大约200万年，属于较原始的类型。目前学术界一般认为，副骆驼是现代骆驼的直接祖先。而在金远洞发现的巨副驼就属于副骆驼属，它对于研究骆驼类的演化具有重要的意义。这个巨副驼非常大，如果装架成功，高度有3 m左右，非常壮观。

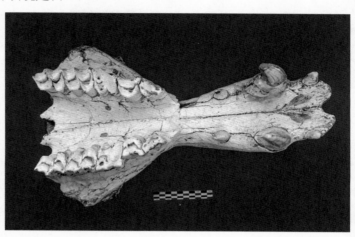

家猪的直系祖先——李氏野猪

猪科的典型代表之一就是李氏野猪。野猪是食性较广、对环境适应能力较强的一种偶蹄类哺乳动物。"李氏野猪"的种名是为纪念该物种的发现者——英国地质学家李德克而命名的。李氏野猪化石在我国北方早、中更新世地层中都有发现，比如北京周口店遗址、河北泥河湾盆地、辽宁本溪庙后山遗址和大连等地。

根据考古学家和古生物学家的考证，家猪和野猪之间并不存在生殖隔离，属于同一个物种，家猪是由野猪驯养而来的。现在有很多学者认为李氏野猪就是野猪的祖先，因此我们可

以认为李氏野猪是家猪的直系祖先。

李氏野猪的大小比现今我们看到的野猪要大很多，但它们形态相似。李氏野猪是一种大型的野猪，头骨很长，头骨的顶部和额部都很平坦；鼻骨长宽而平；雄性上犬齿特别粗壮，外面向上弯曲；下犬齿横切面呈三角形，较上犬齿稍细，但比上犬齿更长。

史前大角兽——泥河湾披毛犀

一提到披毛犀，大家脑海中浮现的词汇一般都是体形巨大、身披长毛，并具有能刮雪的身体构造。没错，现在我们看到的化石就是泥河湾披毛犀，它们生活在距今260万—200万年前的早更新世。

泥河湾披毛犀化石最早由法国古生物学家德日进在1930年的河北省阳原县泥河湾盆地发现。1969年，德国古生物学家卡尔克以泥河湾发现的这件标本作为主要依据，创立了一个新种——泥河湾披毛犀。它的发现是

第四纪冰期开始的一个显著标志，对了解披毛犀早期演化意义重大。

泥河湾披毛犀个体较小，头上面有两个角，额骨上是一个小型的角，

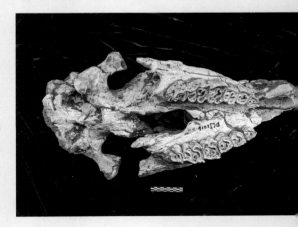

鼻骨上的角较大，角座宽阔，为了支撑住鼻角，鼻中隔骨化成了硬骨。泥河湾披毛犀大鼻角的作用同其他披毛犀一样，是铲雪吃草以维持身体消耗。它们的生活环境还不是非常寒冷，因此身上可能只有少量的毛发。现如今我们已经看不到泥河湾披毛犀了，在此我们呼吁人类拿出更多的精力保护野生动物！

冰河巨兽——最后披毛犀

提到冰河巨兽，除了大家熟悉的猛犸象之外，还有现在我们能看到化石的最后披毛犀。它与猛犸象、野牛等构成了北方的猛犸象—披毛犀动物群。犀科动物身体粗壮，前后足各具有 3 趾。最后披毛犀的体型类似于今天的犀牛，一头成年个体最大可以达到 4.4 m 长、2 m 高，体重则超过 3000 kg，是所有披毛犀中体形最大的。它身上长着厚厚的毛，在下雪的日子里，远远望去好像一座茅草屋。正是有了这些长毛发的保护，最后披毛犀才能在寒冷的环境中生存。

最后披毛犀脑袋上长有两个由毛发特化的角，头部和颈部呈向下低垂的样子，鼻角向前倾斜伸出。古生物学家根据角上面的磨损痕迹，推测它们寻找食物的时候会左右摆动头部，用大鼻角铲去积雪，吃掉雪下面的草本植物。所以说最后披毛犀脑袋上的大鼻角真正的作用是铲雪而非战斗。

虽然没有门齿，但是它们会用簸箕一样的大嘴把植物吃到嘴里，然后用它们的齿冠相当高的颊齿把食物嚼烂，它们是典型的食草者，因此非常适应干冷的草原环境。

披毛犀在1万年前的更新世末期消失。关于灭绝的原因有很多说法，有古生物学家认为，披毛犀不适应冰期结束后温暖的气候；也有人认为，原始人类的狩猎活动导致它们的种群数量急剧下降，并导致披毛犀最终走向灭绝。真正的答案正等待着古生物学家继续探索。

史前巨兽——梅氏犀

展厅装架的犀牛有两个种，一个是上文介绍的最后披毛犀，一个叫梅氏犀。仔细观察它们的头骨，有什么区别呢？

原来它们都属于双角犀，长在鼻骨上的角是个大角，长在额部的角叫额角，角已经掉了，但是留下的疤结还在。它们俩的特征一个是梅氏犀的鼻骨比较狭窄，比较尖，额角比较小；而披毛犀鼻骨比较宽，额角也比较大。

在远古时期，犀牛在我们国家是非常常见的，在中国大地的东西南北都发现了大量犀牛化石。

在大连，在第四纪更新世时期也是可以见到犀牛的。

近几年大连自然博物馆与中国科学院古脊椎动物与古人类研究所（简称"中科院古脊椎所"）的专家一起在大连骆驼山金远洞发现了大量的哺乳动物化石，这里面就包括了很多犀牛的化石，数量还不少，并且这些犀牛还不止一种。经过专家初步鉴定，这些化石包括梅氏犀和泥河湾披毛犀。

那么问题来了，这两种犀牛喜欢生活的环境是不同的，为什么在同一地点同时发现了它们的化石呢？

梅氏犀最早发现于早更新世，以中更新世最为繁盛。它们的臼齿外壁光滑有磁光；齿根具有显著而不大的突起。梅氏犀喜欢生活在温暖湿润的森林或森林边缘，而披毛犀则是喜干冷的动物，生活在草原环境中。

在大连骆驼山化石点同时发现了梅氏犀和披毛犀的化石，这正表明了大连地区当时环境的多样性和气候的多变性。梅氏犀的最后化石记录在波兰被发现，可惜的是梅氏犀最终于更新世晚期的末次冰期在东欧灭绝。

长鼻子的小马——长鼻三趾马

马是古生物学家所钟爱的动物，眼前这件鼻唇较长的马就是奇蹄目马科三趾马属的长鼻三趾马，拉丁学名的意思是"长鼻子的小马"。

长鼻三趾马头骨长达50 cm，体型类似家马，肩高可以达到1.7 m，仰起头来超过2 m。它们的牙齿齿冠比较高，牙齿的褶皱较多，适合于咀嚼高纤维、水分低的草本植物。与现在进化成单趾的真马不同，长鼻三趾马每个主蹄旁边有两个较小的附蹄，附蹄不接触地面，但有完整的趾骨，可以让它们在山中行走如履平地。但是和真马相比，三趾马奔跑的能力还是弱一些。

马主要生活在上新世到早更新世时期，是灭绝最晚的三趾马之一。长鼻三趾马的化石大部分都是在我国北方发现的，如甘肃、陕西、河北等地。长鼻三趾马的牙齿上面有复杂的褶皱，坚硬耐磨，适合啃食粗糙的草本植物，但是由于全球温度变化、干旱等各种原因，在距今100多万年前长鼻三趾马还是消失了，在惋惜的同时只能感叹大自然的优胜劣汰。

消失的大型野马——大连马

大连马是产自大连的远古的马类吗？

带着这个疑问我们把时光追溯到20世纪80年代初，在大连瓦房店东郊的古龙山上，大连自然博物馆与中科院古脊椎所的专家在那里发掘出了数万件的第四纪哺乳动物化石，发掘成果震惊了世界，该动物群被命名为古龙山动物群。其中，在古龙山遗址的一个洞穴内就出土了上万件的马类化石，据马类牙齿化石统计，至少有200个个体。专家在随后的研究中发现，这些马类化石中有一种体形巨大，完全有别于中国野马的种类，它的体形与欧洲同期野马有更多相似之处。这是国内首次发现的新物种，被定名为"大连马"。

大连马生活在距今17000年前，是一种远古时期的大型野马，在大连地区主要发现于古龙山遗址和海茂化石点。现在我们看到的大连马骨架与现生马的外表基本一致，但是身材要大 1/4 到 1/3。大连马的第三跖骨又粗又长，大小与欧洲晚更新世的大型马类接近。大连马的颊齿大小、头骨形态构造等特征与普氏野马非常相似，它们的直接祖先可能都是北京马，是平行演化的结果。

研究人员在古龙山发现了大量的大连马化石，这表明当时的古人类还是以捕猎野马为主。据分析，当时古人类应该已经可以进行合作围猎，从而捕获体形较大、速度较快的猎物，他们追随猎物迁徙，并没有定居，所以当时的古龙山人也被称为"猎马人"。

长毛猛犸象——真猛犸象

对于猛犸象大家并不陌生，因为很多人都看过动画片《冰河世纪》，在第四纪的冰期，地球的四分之三都被白茫茫的冰雪所覆盖，极地的冰盖增厚，出现大量的冰川，气候相当的寒冷，很多动物都因为忍受不了严寒而相继灭绝，猛犸象就生活在这样一个冰雪世界里。

真猛犸象是整个猛犸象家族的代表，也是猛犸象家族中数量最多、灭绝最晚的一种。"猛犸"一词源于俄语"遗骸"的意思，真猛犸象又称长

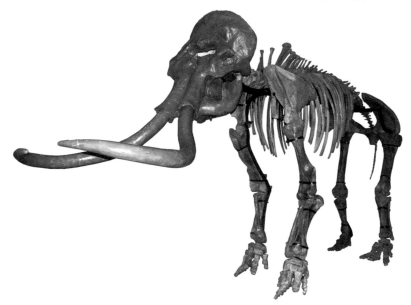

毛猛犸象，属于长鼻目真象科猛犸象属。它们在距今80万年前起源于西伯利亚东北部的草原猛犸象，随着气候的逐渐变冷扩散至欧亚大陆和北美的冻土地带，直至3700年前它们才最后绝灭于西伯利亚的弗兰格尔岛。

为了适应寒冷的气候，真猛犸象的体形变得比其祖先猛犸象要小，个头不比现代亚洲象大多少。肩高3 m，体重8~10 t。头骨短高而且尖，肩部隆起像驼背，可能藏有大量的脂肪。我们看到的门齿强烈旋转成螺旋状，最长的甚至超过5 m，臼齿的齿冠非常高，它们适合吃冻土层粗糙的草和灌木叶子。

虽然论体形真猛犸象不算大，但是若论耐寒本领，真猛犸象在有史以来的象类中可谓是首屈一指。它们的一身长毛分为两层，外层的长毛粗糙厚实，足有50 cm长，长毛之下，还有一层细密的绒毛保持体温。它们的皮下脂肪层厚达9 cm，功能就像鲸脂一样。它们的皮肤与现今的大象差不多一样厚，但它们有大量的皮脂腺，可以分泌油脂到毛发上，加强保温效果。

关于猛犸象的灭绝原因，古生物学家说法不一，比如气候的极速回暖，比如人类的过度捕杀……虽然我们不仅想在自然博物馆里看到这些动物，更希望能够在自然界看到这些活生生的动物，但是不管原因如何，我们最终再也看不到在风雪中昂首阔步的猛犸象了。那么，猛犸象能复活吗？这是很多人关注的谜题。以现在的科技从上万年前的遗体上提取完整的DNA还是困难重重，目前复活不太可能。或许将来某个时候猛犸象真的会重返地球吧！

紧密相连——化石胶结块

大家眼前看到的这个胶结块，里面密密麻麻地聚集了很多动物的化石。在野外化石的发掘中，会更容易出现一些孤立状态被埋藏在堆积物中的动物化石，但在大连骆驼山金远洞下部堆积物的发掘中，专家却发现了多件这种大型的化石胶结块，具体说来就是指动物骨骼密集胶结在一起。经过鉴定，这里面有动物的骨骼、牙床等，骨骼之间基本没有土质沉积。而

且这些化石基本为鹿的下颌、猪的下颌和一些肢骨，再就是有一些纳玛象的脚骨。

令人好奇的是在自然情况下，化石骨骼不会如此破碎，即使破碎了也不会有如此多的碎骨。还有一点就是在这一层中还发现了大量的碎骨片以及在灰岩地层中不会出现的石英砂岩。基于以上几个问题，专家分析这种现象极有可能是人为因素造成的，有没有可能是古人类食用了这些动物之后将骨骼遗弃在洞穴中呢？抑或是古人类把骨骼敲碎后吸食骨髓留下的副产品呢？这个问题至今还是一个谜，让我们共同期待真正的答案吧！

03 SHUISHENGSHENGWU PIAN
水生生物篇

　　地球 70% 的面积被水覆盖，海洋、河流、湖泊……它们共同构成了地球的"水圈"。水是生命的发源地，最早的生命就是在海洋中诞生的。早期的水生生物以无脊椎动物为主，后来开始出现有坚硬骨骼的生物，坚硬骨骼对生物的保护，使得它们在生存上占绝对优势。随着生物的进化，鱼类开始登场，鱼类是有颌动物的鼻祖，上下颌改变了动物捕食的主动性。从两栖动物开始，生物开始登陆，而海洋哺乳动物则是陆生哺乳动物重返海洋的结果。

　　"水圈"中的生物种类繁多，有的适应淡水环境，有的适应咸水环境；有的低等，有的高等；有的古老，有的年轻；有的生机勃勃，有的濒临灭绝……每种水生生物都是一个独立的个体，它们那样的与众不同，有着属于自己的特性，可它们又是相互依存的，不同的生物之间、不同的群落之间、群落与环境之间都彼此作用、相互协调，维持着生态系统物质和能量的流动。

　　水生生物篇，将通过对一些海洋无脊椎动物、硬骨鱼、软骨鱼、海洋哺乳动物的介绍向大家展示各种水生生物的奥秘！

第一节 海洋无脊椎动物

HAIYANGWUJIZHUIDONGWU

海洋是生命的摇篮，辽阔的海洋孕育了无数美丽奇特的海洋生物。海洋无脊椎动物是海洋生物世界中的主要成员，是指生活在海洋中、体内没有脊椎骨的动物，是海洋中种类最多、数量最大、形态最为奇特的一类动物。它们当中既有极其微小、需在显微镜下才能看清的夜光虫、有孔虫等原生动物，又有身躯巨大、体长可达十多米的大王乌贼；既有身体柔软的各种水母，还有身披"铠甲"的虾蟹以及浑身长刺的海胆；既有固着不动的海绵，更有行动敏捷、走南闯北的乌贼、柔鱼，以及长着各种绚丽多彩贝壳的软体动物……

水中乐器——笙珊瑚

珊瑚虫和水母、水螅、海葵同属于刺细胞动物（也叫腔肠动物），珊瑚虫是腔肠动物门中种类最多的类群，全部生活在海洋中。根据触手的

数目，可把珊瑚虫纲分为六放珊瑚亚纲（珊瑚虫触手是6或6的倍数）和八放珊瑚亚纲（珊瑚虫触手是8或8的倍数），笙珊瑚就属于八放珊瑚亚纲。

为什么叫笙珊瑚呢？这是因为笙珊瑚形成的很多红色的管状骨骼密集相连，其形状很像乐器"笙"。

笙珊瑚是珊瑚虫纲笙珊瑚属的动物，属于软珊瑚，分布在印度—太平洋珊瑚礁海域，主要产地位于斐济、汤加，属于濒危物种。它们营群体生活，一般生长在海流和波浪较强的浅水区，笙珊瑚形成的每条管内都有一连串的珊瑚虫，珊瑚虫都有像羽毛状的触手。日间它们会伸展触手，在受到骚扰时触手便会收缩。它们的触手有时呈绿色，珊瑚虫形成的骨骼呈现出鲜红色或者绯红色。笙珊瑚主要以海洋中的一些小型浮游生物、小虾及小型鱼类为食物。也有藻类与笙珊瑚共生，藻类通过光合作用为之提供大部分营养。笙珊瑚的红色骨骼不易褪色，常作为人们喜爱的工艺品被收藏。但平时因为被珊瑚虫覆盖，其红色骨骼不易被发觉。

那么，珊瑚礁是怎么形成的呢？

首先需要珊瑚虫是造礁珊瑚种

类，其后是无数个造礁珊瑚虫自己的辛勤劳动和其子孙后代的不断努力，新的珊瑚虫不断地成长在死去珊瑚虫形成的骨骼上，众多的珊瑚虫用自己的骨骼一点点架起了一座座美丽的"水中楼阁"——珊瑚礁。

一般来说，珊瑚礁长到水面就不再继续生长了，因为大多数珊瑚虫是不能在水面上生长的，只有少数的珊瑚虫可以在水面上生长，但是也不能长时间脱离水。

虾中之王——锦绣龙虾

龙虾是生活在海洋中的一类大型虾，因为它们的形状很像古代神话里比较凶的龙，所以被叫作龙虾。

我国的龙虾种类中，以中国龙虾产量最大、最为常见，但是说起个头最大、花纹最美丽的龙虾却要数锦绣龙虾。它们威风凛凛，身披坚硬盔甲，

长有锐利的长刺，头部有两对又粗又长的触角，最大可超过 5 kg 重，可称"虾中之王"。它们身体表面有许多棘刺，碰到渔网便被缠住，因此很容易被渔网捕捞。

锦绣龙虾习惯在海底爬行，不善于游泳，行动迟缓，如果把中国对虾和龙虾同养的话，会发现中国对虾活蹦乱跳，而龙虾却常入梦乡。

龙虾一般生活在温暖的海域，白天潜伏在岩石或者珊瑚礁间，到了晚上再出来活动寻觅食物，主要

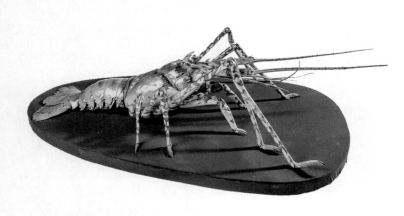

吃一些小鱼、小虾和贝类，饱餐后可以10多天不吃食物。和许多虾蟹类一样，龙虾在成长过程中要经历很多次蜕壳，比如孵化后的第一年要蜕壳10多次，蜕壳次数随着年龄增大而越来越少，5 kg重的龙虾可以几年不蜕壳。龙虾每蜕壳一次，身体会长大15%左右，体重增长50%左右。

女神的梳子——维纳斯骨螺

一听到名字，大家会不会很好奇，是什么样的螺才能配得上"维纳斯女神"的名字呢？它们和维纳斯女神又有什么关系呢？

原来，海洋里有一种美丽的骨螺，这种骨螺长得很特别，它们的贝壳表面有3排排列整齐的长刺，互相间隔差不多120度。尤其是在壳口右侧的一排长刺排列在一个平面上，宛如一把梳子。在古老的神话中，这种骨螺是维纳斯女神常用的梳子，所以它们又被称为"维纳斯骨螺"。

维纳斯骨螺又叫栉棘骨螺，属于软体动物门腹足纲骨螺科的一种。它们的贝壳造型奇特，壳质较坚硬，壳口卵圆形，壳口下面长长的、近乎于封闭的管状结构是它们的水管沟，它们长长的棘刺其实正是自身防卫

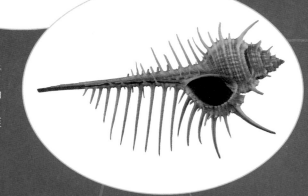

的工具，好像在说："别碰我，小心被扎哟！"它们主要分布于我国的东海和南海，以及印度—西太平洋海域，生活在数十米深的泥沙质海底。维纳斯骨螺是骨螺科动物中刺最多、最长而且造型优美的种类之一，受到贝类爱好者的青睐。

珊瑚礁的卫士——大法螺

大法螺，又叫凤尾螺，是腹足纲嵌线螺科（也叫法螺科）中最大的一种，最长可达 40 cm，壳的表面具有黄褐色或紫褐色鳞状的斑纹和花纹，贝壳内面为橘红色。大法螺一般生活在低潮下水深约 10 m 的珊瑚礁或岩礁间，喜欢栖息于藻类繁茂的环境中，

主要分布于我国台湾、西沙群岛以及印度—西太平洋暖水海域。

提到大法螺，咱们就要讲讲它名字的来源。它们为什么叫这个名字，与人类又有哪些渊源呢？原来，西方民族相信大法螺是海神的化身，把它们作为法器用在宗教仪式上驱邪伏魔，所以称其为"法螺"。古时候，人们常常把大法螺的壳顶磨去，然后将其做成号角，因为在作战时吹响它，可以鼓舞士气。此外，大法螺具有非常高的观赏价值，它们与鹦鹉螺、唐冠螺、万宝螺齐名，是备受贝类爱好者喜爱的"四大名螺"之一。

除了在人类生活中占据重要地位，在自然界中大法螺也是个"正义使者"。大法螺被誉

03 水生生物篇

为珊瑚礁的卫士，这是因为有一种海星——长棘海星，专吃珊瑚虫，是珊瑚礁的一大祸害，而大法螺正好非常喜欢吃长棘海星，客观上起到了保护珊瑚礁的作用。在澳大利亚已立法保护大法螺，并在珊瑚礁中大力培育大法螺，从而控制长棘海星的数量，保护珊瑚礁。

最大的双壳贝类——库氏砗磲

砗磲是软体动物门双壳纲砗磲科动物的统称，是典型的热带贝类。大砗磲是砗磲科中体形最大的一种，也叫库氏砗磲，目前是我国一级保护动物。我们可以看到它们的表面坚硬粗糙，上面布满一道道深深的褶皱，这些褶皱很像车轮在泥泞的道路上轧过的痕迹，所以它们才有了"砗磲"这个名字。

砗磲是世界上最大的双壳贝类，它们的壳既厚又重，堪称软体动物中的"巨无霸"，它们的壳可长达1.8 m，重可达200 kg以上，甚至可以作为婴儿的浴盆。它们一般分布在印度洋和太平洋的热带海域，在我国主要分布在台湾、海南岛等地。砗磲生活在珊瑚礁间的沙内，贝壳埋入沙里，美丽的外套膜从贝壳边缘翻出，非常惊艳。砗磲的外套膜内含有大量虫黄藻与之互惠共生，

59

所以它们的壳顶朝下，用足丝固着在海底，开口朝上，便于贝壳张开使虫黄藻进行光合作用，虫黄藻长大后又能为砗磲提供营养。

砗磲的寿命很长，生长期为80—100年，可算得上海贝中的"老寿星"。此外，砗磲和金银、玛瑙、水晶、珊瑚、琥珀、珍珠被认为是佛教宝物。砗磲是白色的代表，用砗磲制作的佛珠也代表了心地无染。

古老的时钟——鹦鹉螺

鹦鹉螺是软体动物门头足纲鹦鹉螺科的一种，是现今头足纲软体动物中唯一真正具有外壳的类群。鹦鹉螺的名字是怎么得来的呢？它们和鹦鹉有什么关系呢？原来，它们的贝壳呈螺旋形，壳面光滑，上面均匀地分布着很多细的生长纹，

从脐部向外辐射出红褐色波状条纹，壳口后侧面呈黑色。从整个贝壳侧面看，宛如花纹美丽、曲颈的鹦鹉，所以被称作"鹦鹉螺"。鹦鹉螺是我国一级保护动物，也是美名在外的"四大名螺"之一。

鹦鹉螺主要生活在西南太平洋热带海域，我国主要在台湾、西沙群岛有分布。它们平时主要潜伏于水深数百米的海底，用触手在海底爬行，有时会浮游到水域的上层。

那么它们为什么能自由沉浮于海洋中呢？原来，鹦鹉螺的壳内由多个横断的隔板分成30多个壳室，最外面的1个是它居住的地方，叫作"住

室"，其他小室可贮满气体，叫作"气室"。鹦鹉螺通过调节气室里空气的分量，使身体沉浮于海洋中。受到鹦鹉螺的这种特殊身体结构的启发，1954年，美国研发出了"鹦鹉螺号"核潜艇。

鹦鹉螺是一种古老的软体动物，距今已有数亿年的演化历史，中生代时和与它们具有亲缘关系的菊石达到极盛状态，它们曾是古代海洋的霸主。然而，经过激烈的物种生存竞争，菊石在白垩纪末期和恐龙一起灭绝了，而鹦鹉螺顽强地生存至今，真可以说是活化石的代名词。科学家们对鹦鹉螺的壳纹（生长线）进行研究后得知，古代地球一年有

400天，而今只有365天，证明地球自转的速度变慢了，因此，鹦鹉螺也可看作一种古老的时钟。

海底鸳鸯——鲎

这种生物看起来不像虾也不像蟹，它们身披厚厚的铠甲，拖着一条又长又尖的尾巴，虽然长得怪模怪样，但也很有自己的独特之处。它们就是鲎，也叫马蹄蟹，是一类生活在海洋中的节肢动物，属于肢口纲剑尾目鲎科。鲎一般生活在20~60 m深的泥沙质海底，主要以一些蠕虫和没有壳的软体动物为食。鲎的腹部长有坚硬的腹甲和腹足，它们长长的尾巴又叫剑尾，用来控制方向。我国盛产中国鲎和少量的圆尾鲎。

早在三亿多年前的泥盆纪，鲎的家族就生活在海洋中了，它们和三叶虫一起繁盛一时。随着自然历史的变迁，与它同时代的很多动物都已经进化或者消失，而鲎依然保持着原始的样子，所以被人们称为

"活化石"。关于鲎的爱情故事也是被人们津津乐道的。鲎一般生活在海床，只有在产卵时才会爬到岸边。夏季是鲎的繁殖期，这时经常能看到鲎成群结队地聚集到沙滩上，雌鲎背上驮着比自己小的雄鲎在沙滩上蹒跚爬行，像鸳鸯一样形影不离，所以，人们给它们起了一个好听的名字"海底鸳鸯"。

真正令人惊讶的是鲎拥有蓝色的血液！人们印象中，动物都拥有红色的血液，怎么还有动物的血液会是蓝色的呢？

正常来说，血液中含有血红蛋白，所以才会呈现出红色。但是鲎的血液当中具有含铜的血蓝蛋白，所以才会出现蓝色的血液。特别神奇的是，这种蓝色的血液一接触细菌，就会凝固。这种血液应用于医学当中，能快速地检测人体中是否有内部组织受到细菌的感染。

第二节 鱼类
YULEI

鱼是一种古老的脊椎动物，早在4.5亿年前就在水里四处畅游了！鱼类按照骨骼的性质分为硬骨鱼和软骨鱼。

那么，何为硬骨鱼，何为软骨鱼？

硬骨鱼，顾名思义，它们的骨骼是由硬骨组成的，现有37 000多种，是鱼类中最大的一个类群，几乎占脊椎动物总数的一半。硬骨鱼的典型特征就是它们的骨骼是硬骨，有鱼鳔，用鳃呼吸，体表长有骨质鳞片，体外受精等。

软骨鱼主要包括鲨、鳐和银鲛，它们的骨骼由软骨组成，脊椎虽然部分骨化，但缺乏真正的骨骼。软骨与硬骨相比较的优势在于软骨更柔软、更轻便、更富弹性，所以软骨鱼大部分身体呈流线型，拥有成对的鳍和令人羡慕的游泳技巧，都是游泳健将。硬骨鱼出现在泥盆纪，比软骨鱼略早。

下面就让我们跟随鱼群一起游历鱼类的世界吧！

一、硬骨鱼

长江鱼王——中华鲟

中华鲟是世界鲟科鱼类中分布纬度最低的一种，是我国一级重点保护野生动物，也是我国特有的古老珍稀鱼类。它们曾与恐龙为邻，是白垩纪时期残留下来的生物，可以说是世界现存鱼类中最原始的种类之一，是研究鱼类和脊椎动物进化的重要物证，因此又被称为"活化石"，主要分布在我国长江干流自金沙江以下的河口江段。

中华鲟是一种大型洄游性鱼类，体长可达4 m，有"长江鱼王"的美誉！它们就像"游牧"民族一样，居无定所，一生中大部分时间是在海洋中度过

的，直到性成熟时才洄游到淡水流域产卵，繁殖后再返回海洋。洄游过程中它们滴"食"不进，幼鱼出生后也会追随前辈的"足迹"，进入河口——河流与海洋的交汇过渡地带，经过一段时间体内渗透压的调整，就会陆续进入海洋。可是中华鲟为什么要这样做呢？有关专家认为：中华鲟是底层摄食类型，而河口和近海岸底层动物丰富，它们的祖先试图到这里捕食生物，所以在漫长的进化过程中，就逐渐形成了溯河洄游的习性。

因为中华鲟非常珍贵，其他一些国家也希望将它们"移居"到自己的

淡水水域内繁衍，然而它们总是留恋自己的故乡，无论离家多远，都会千里寻根，游回自己的"故乡"生儿育女。在洄游过程中它们游经百川却从不迷失方向，同时表现出惊人的忍饥耐劳能力，所以人们给它们冠以"中华"二字！

　　淡水的环境相较咸水虽然"简单"，但因为长江水流湍急，鱼卵能成功受精的概率并不高，而且受精卵在孵化过程中容易被其他鱼类吃掉；即便孵化成小鱼，也很容易成为其他大型肉食性鱼类的口中餐，所以自然淘汰下，最终能够实现传"种"接代的中华鲟并不多。但是我们知道这并不是中华鲟濒临灭绝的原因。其实中华鲟的产卵量是很大的，一次可产卵百万粒，这实际上是动物进化过程中生殖适应的

结果。但凡在个体发育过程中幼子损失较大的物种，它们的产子量一般都很大。这是大自然用以平衡生态关系的法则，类似的还有我们后面要介绍的鱼类中的产卵冠军翻车鲀（鱼）！

　　由于人类的活动——过度捕捞、修建水利工程等，中华鲟这一古老物种才濒临灭绝。中华鲟是生物链中的重要一环，一旦生物链遭到破坏，势必会引发生态环境的蝴蝶效应。所以，保护中华鲟任重而道远！

长"带"飘飘——勒氏皇带鱼

　　勒氏皇带鱼虽然和我们常吃的带鱼都叫带鱼，但此带鱼非彼带鱼。从分类学的角度来看，我们常吃的带鱼属于鲈形目带鱼科白带鱼属，而勒氏

皇带鱼则属于月鱼目皇带鱼科皇带鱼属，而且皇带鱼也不像带鱼那样常见。它们可是具有传奇色彩的，因为天然修长的体形，它们被人们误认为是大海蛇。而且因为皇带鱼的体形巨大，也被人们认为嗜杀成性，因此被称为"海魔王"。早期一些渔民认为它们是海底龙宫的来客，因此称皇带鱼为"白龙王"或"龙王鱼"。

但事实上，皇带鱼是一种性情温顺的硬骨鱼，体长一般在1 m以上，最长可达8 m左右。它们的名字就是根据从它头部一直延伸到尾部的两排长长的、看起来像飘带一样的鳍而得来的。皇带鱼一般生活在比较深的海域，人们对它们不是很了解，所以使得皇带鱼充满了神秘色彩！

大连自然博物馆硬骨鱼展厅展示的这件勒氏皇带鱼标本体长3 m多，是渔民用拖网偶尔捕获的，因此损伤较大。

可以上岸的鱼——弹涂鱼

通常情况下，鱼依靠鳃来进行呼吸，一旦离开水，鱼就会因为无法获得水中溶解的氧气而窒息死亡。但是弹涂鱼不仅能离开水甚至还能上树，它们真的是鱼吗？弹涂鱼虽然号称"水陆两栖",但它们还真是货真价实的鱼,属于辐鳍鱼纲,是一种比较古老的鱼类,因为上岸后可以在淤泥之间跳跃、觅食,所以又名跳跳鱼。它们主要生活在非洲、印度、太平洋等海岸和水域,在我国常见的有三种:弹涂鱼、大弹涂鱼和青弹涂鱼。弹涂鱼长相奇特,身体前部分是圆柱形的,后部扁平,圆圆的眼睛长在头顶,两个胸鳍非常强壮,上岸后胸鳍可以支撑身体和辅助跳跃,皮肤蓝绿色,背鳍上有深色斑点。

　　与其他水生鱼类相比,弹涂鱼通过登岸可以获得更多的生存优势。它们之所以能够在岸上活动,得益于特殊的呼吸系统。弹涂鱼在水中和其他鱼一样用鳃呼吸,上岸后的呼吸除了鳃以外还依靠皮肤,鳃和皮肤上分布着毛细血管,氧气可以直接由毛细血管进入血液;皮肤还能不断地分泌黏液,起到了保水的作用。

　　当然,除了弹涂鱼还有一些鱼类也能够偶尔爬到岸上,例如肺鱼,这种鱼一般生活在非洲、大洋洲。肺鱼并不是具有真正的肺,而是因为它们的鱼鳔具有丰富的血管,登岸后可以依赖这个"肺"从空气中吸收氧气。

会钓鱼的鱼——鮟鱇鱼

　　鮟鱇鱼俗称结巴鱼、琵琶鱼,是一种生活在深海中的"另类怪鱼",它们的捕食方式十分特别。在它们的头部上方有个肉状突起,这个肉状突起外形像小灯笼,而且还会发光。这是由鮟鱇鱼的第一背鳍逐渐向上延伸而形成的,它的前端就好像钓鱼竿一样,末端膨大形成小灯笼形状的"诱饵"。"小灯笼"之所以会发光，是因为在灯笼内有腺细胞，能够分泌光素，光素在光素酶的催化下，与氧作用进行缓慢的化学氧化。漆黑的深海里，"小灯笼"成了鮟鱇鱼引诱食物的有力武器，充满好奇的鱼儿游到跟前，鮟鱇鱼就会用尖锐的牙齿咬住猎物不放。当然，这样一个会发光的小灯笼也常常会给鮟鱇鱼带来麻烦，因为它不仅会吸引趋光性的

小鱼小虾，还会招来敌人——凶猛的大鱼。这时鮟鱇鱼也不会坐以待毙，通常会迅速把"小灯笼"放到自己嘴巴里，让周围漆黑一片，大鱼失去了"目标"，鮟鱇鱼则趁着黑暗逃之夭夭，躲过一劫！

值得一提的是，一般长有"小灯笼"的都是雌性鮟鱇鱼，雄性鮟鱇鱼不仅没有这个"诱饵"而且大小也和雌性鮟鱇鱼差很多。雄性鮟鱇鱼在漆黑的环境中寻找配偶并不容易，所以一旦找到就毫不犹豫地依附在雌性鮟鱇鱼身上，并从雌鱼的血液中获取自身生存所需要的所有养分，这也导致雄性鮟鱇鱼除生殖器官外大部分器官都退化了。

你知道深海中的鱼是如何承受海水的巨大压力的吗？据估算，在这个深度鱼体承受的压力如果施加在人的身上，那感觉好像是有 100 多头大象压在胸口，而每头大象有几吨的重量！深水鱼类的身体构造是如何适应这种巨大的压力的呢？答案是：想要承受水的压力，就把自己"变成"水，所以鮟鱇鱼的身体主要就是由水构成的。除此之外，深海鱼类一般都没有鱼鳔，因为在深海中，水的压力巨大，如何平衡鱼鳔的内外压力来避免被压破是一件很消耗体力的事情。另外，许多深海鱼类被捕上岸后都会死去，主要是因为它们已经适应了深海的压力，没有了这种压力它们就无法适应周边环境了。

背鳍如旗——平鳍旗鱼

平鳍旗鱼又叫东方旗鱼，因为庞大、招展的背鳍像一面旗子而得名。在风平浪静的时候，它们喜欢将背鳍露出水面，像船上扬起的帆，所以也叫"帆鱼"。

平鳍旗鱼的头和身体背面是青蓝

色的，腹面是银白色的。它们的性情凶猛，游泳敏捷迅速，在加速游动时，会收起背鳍以减小阻力，嘴像一把长长的剑，将水很快向两旁分开，并且不断摆动尾鳍，仿佛船上的推进器一样。再加上身体呈流线型、肌肉发达，摆动力量很大，就像离弦的箭一样，速度很快。与喜欢单独作战的鱼类不同，平鳍旗鱼经常成群结队地追捕鱼

群，虽然它们的群体攻击并不像高等动物那样有明确分工和位置规划，但是它们会调整进攻的游速。和它们能达到的最高速度相比，平鳍旗鱼冲刺的速度是非常缓慢的，而且每轮进攻之间都会稍作休息。虽然，并不是每次团体作战都能获得丰美的大餐，但是鱼类通常会在袭击中受伤或者迷失方向，这使得它们更容易被捕获，而且和单独作战相比，群体作战似乎更省力，这也是动物界中有很多动物喜欢群体作战的原因。

会"怀孕"的爸爸——海马

有这么一种鱼，它们的头像马头，身体像有棱有角的木雕，尾巴却像猴，

怎么看都没办法和鱼联系在一起，它们就是最不像鱼的鱼——海马。

海马和其他鱼类一样也是用鳃呼吸，用鳍游泳的，然而绝大多数的鱼是靠尾鳍的摆动游来游去的，海马靠的却是胸鳍和背鳍的微微闪动。它们的游泳能力不佳，游累了就用尾巴卷住植物休息一下，使得它们看上去和植物很像，免于被大鱼袭击。另外，海马的嘴尖尖的、呈管状，不能张合，只能吸食。海马的个体很小，一般在 3 ~ 35 cm。

海马不仅长相奇特，繁殖后代的方式也与众不同。海马"怀孕"的是爸爸，每年产卵的时候，海马妈妈会把产卵器插到爸爸的育儿袋里，雄海马不仅要给育儿袋里的卵授精，同时还要提供养料，它们的育儿袋很像哺乳动物的胎盘。孵化后，小海马还会在爸爸的育儿袋中待上一段时间。刚出生的小海马全身透明，甚至可以清晰地看到心脏的跳动。

大多数鱼类雌性负责在水中产卵，雄性授精就完成了传种接代的任务，像海马这样爸爸代劳繁殖后代的是少之又少，这又是为什么呢？

因为鱼卵漂荡在水中经常会被其他的动物吃掉，所以很多种类的鱼都靠增加产卵数量来保证种族的繁衍生息，例如我们后面要介绍的翻车鱼。但是产卵是非常消耗能量的，对于体形娇小、食量很少的海马来说有点力不从心，所以海马只能通过提高卵的成活率来提高后代的存活机会。在弱肉强食的海洋世界，孱弱的海马常常通过拟态的方式保护自己，通过主动攻击和防御来保护后代对海马来说显然是不可能的。对海马来说，最好的办法就是把受精卵藏在体内，带着它们一起躲起来。可是由谁来藏呢？海马妈妈产卵耗费了大量的能量，所以就需要海马爸爸来承担"怀孕"的责任了！

产卵冠军——翻车鱼

翻车鱼是海洋世界里外形比较奇特的鱼类之一。它们的身体圆扁，看

起来像个大盘子，鳞片已经进化成粗糙的表皮；体表呈灰色或者浅褐色，头上长有两只小眼睛和一个小嘴巴，背部和腹部分别长着一个又高又长的背鳍和臀鳍，在身体的后边有一个好像镶着花边的尾鳍。翻车鱼怎么看怎么像尾巴被切掉了一样，似乎只有头而没有身子，所以也被称作"头鱼"。

翻车鱼是鱼类中的产卵冠军，其他鱼类能产卵几百万粒就算很多了，而翻车鱼一次产卵就有 2500 万 ~3 亿枚。尽管产卵很多，但大多数卵都会被其他鱼类吃掉，因此翻车鱼产的卵能真正存活下来的很少很少。

翻车鱼性情温顺，喜欢单独或成对行动，不喜欢结群；天气晴朗、阳光明媚的时候，喜欢平躺着浮在水面晒太阳，就像睡在海面上一样，不了解的人会认为它们已经死了。至于躺在海面上晒太阳的"企图"，科学家猜测可能有三个：一是帮助身体提高温度；二是可以利用太阳的热度杀死寄生虫，就像晒被一样；三是可以吸引海鸟过来帮助它们啄食身上的寄生虫。

身佩长枪——蓝枪鱼

蓝枪鱼，俗称黑皮旗鱼，与前面介绍的平鳍旗鱼同属于旗鱼科，但不同属。平鳍旗鱼是旗鱼属，蓝枪鱼属于枪鱼属。而外形和它们很像的剑鱼则属于剑鱼科剑鱼属。

蓝枪鱼头部和背部铁青色，腹部银白色，上额向前延伸，呈枪形，下额较短。蓝枪鱼是一种大洋暖水性的鱼类。身体呈流线型、尾部呈新月形或者镰刀形的鱼类一般生活在海洋上层。根据这个规律，通过观察蓝枪鱼的外形特征，我们可以粗略地判断：这是一种活跃在海洋中上层、行动敏捷、游泳速度很快的鱼类。

当然，它也具有较强的潜水能力，能降入水深 500~800 m 的位置去捕食鱼类。它性情非常凶猛，以其他鱼类、甲壳类、头足类等为食。

蓝枪鱼主要分布在我国台湾东南部与南海外海海区，图中这件标本是在黄海海域被发现的。

形如军舰——军曹鱼

军曹鱼是温热带海域鱼类，背部茶褐色，腹部白色，是肉食性鱼类，以虾、蟹和小型鱼类为食。

在自然海区，军曹鱼进行季节性洄游，近海集群产卵，幼鱼群体在浅海砂砾中觅食，主要食物是小型甲壳类、虾蟹类、小鱼等，全长 1 m 以上的军曹鱼则以吃鱼为主。它们的食性贪婪，所以生长非常迅速。

观赏鱼类——红尾鲶

红尾鲶又名红尾鸭嘴、红尾猫。外形比较优美，身体修长，一般在70 ~ 100 cm，宽而扁平，是一种常见的观赏性鱼类。头部有触须3对，眼睛小，头大嘴大。背部黑色、腹部乳黄色、背鳍和尾鳍红色，体侧有由头到尾的白色带纹。

红尾鲶生性惧光，夜晚比较活跃，但经过多年人工养殖后，其夜行的习性基本改变了，白天常群居于水体的底层荫蔽处。红尾鲶食量大，喜欢吃活的海洋生物，尤其是小鱼。捕小鱼时性情凶暴，其他时候性情温和。

红尾鲶卵生，性成熟期的红尾鲶能发出猫一样的叫声。这种鱼同种类之间有撕斗现象，胡须容易被打断，但很快会恢复。红尾鲶能与人亲近，视觉很差，主要依靠胡须上的味蕾进行觅食。

海洋一角——缤纷鱼类

各种鱼类在海洋中的分布大致可分为上、中、下三层，由于生活环境的不同，鱼类的形态、生理功能、生活习性等都有很大差异。

例如生活在海洋上层的鱼类，它们的腹部一般呈银白色，从下往上看与天空同色；而背部呈青黑色，从上向下看与水同色。在海洋中层生活的鱼类，大多为灰白色，背部和腹部的颜色区别不太明显。在底层生活的鱼类体色较暗，背部颜色与水底泥沙颜色相似，可以有效避免被猎物发现。

图中体形最大、长相奇特的就是双髻鲨，它的头部两侧各有一个突起，眼睛就长在突起上，从而扩大了视野，它的名字也是根据头部形状得来的，是海洋中较凶猛的一种软骨鱼类。

贴在它腹部的这条鱼就是鮣鱼，又被称为"最懒的鱼"。它为什么会有这个名号呢？因为它主要的移动方式就是吸附在鱼类、鲸类、海龟甚至是渔船的

底部，它喜欢搭载免费便车畅游整个海域。而且当遇到食物丰富的海域，它就下来饱餐一顿，或者在大型动物身体下面等待分享残羹美食，所以鲫鱼也被形象地称为"免费旅行者"。它们为什么有这样的本领呢？秘密武器就是其背部特殊的吸盘，其实这个吸盘是由鲫鱼的第一背鳍演化形成的。鲫鱼自由游泳时，吸盘会紧紧地贴近身体，如果想紧紧地贴在鲨鱼或者其他大型生物表面，就会用肌肉的力量把鱼脊竖起来，挤出盘中的水，借大气和水的压力牢固地吸附在物体表面。

另外，在海洋上层生活的鱼类，身体一般呈流线型，可以减小水的阻力，

尾部比较发达，呈新月形或者镰刀形，因而游泳速度都比较快，如鲐鱼、鲅鱼、黄鱼等；在海洋中层生活的鱼类，由于水压的增大，身体变得宽扁，尾部呈扇形，游速不是很快；生活在下层的鱼类，游泳速度很明显变慢，如鳎、鲽、鮟鱇等，它们以底栖生物为食，在水底掩蔽物中栖息，无论摄食和逃避敌害都不需迅速反应，所以游泳速度很慢。

　　还有一些鱼类体形较为特殊，像鲆、鲽，由于长期一侧平卧水底，身体某些器官变成不对称的形式，例如它们的口已经偏歪，两眼长在同一侧，两侧牙齿的强弱程度也不同。

二、软骨鱼

牙齿终生生长的长尾鲨

科学家认为，鲨鱼的祖先大约在三四亿年前就已经出现，甚至比恐龙出现得还要早。恐龙在第五次生物大灭绝中不幸从地球上消失，而鲨鱼却存活至今，足以证明它们适应环境的能力有多强！鲨鱼凭借着完美的流线型体形、令人难以置信的敏锐嗅觉和成排尖刀状的牙齿，成为海中的霸王。

我们从图中看到的是"长尾鲨的颌骨模型"，仔细观察会发现鲨鱼有很多排牙齿，除了最外排的牙齿，其余几排都俯卧着作为备用。一旦最外排牙齿脱落，里面一排的牙齿便会作为替补向外移动。据推测，鲨鱼在十年之内可以换掉2万多颗牙齿，更令我们羡慕的就是它们的牙齿竟然是终生生长的！

所有的鲨鱼都有牙齿，但是如果你认为所有鲨鱼的牙齿都像长尾鲨的一样，尖尖长长呈倒三角形状，那就大错特错了！

一些巨型滤食性鲨鱼的牙齿就非常细小，例如鲸鲨，其进食方式和哺乳动

物中的大家伙——须鲸很相似，这也是为什么明明是鲨，却叫鲸鲨的原因。鲸鲨会吞入富含浮游生物的海水，然后海水会通过嘴里特殊的鬃毛——鳃耙被吐出来，浮游生物则被过滤后留在嘴里。

鲨鱼牙齿的形状主要跟食物有关，吃软体动物或甲壳类动物的鲨鱼，牙齿较平，这样容易碾碎食物；吃鱼类的鲨鱼，牙齿是针形的，方便它们咬紧猎物；而吃海豹等大家伙的鲨鱼，牙齿通常都很尖锐而且有锯齿，能够使它们轻松地切割或撕碎食物以便吞咽。

鲸还是鲨？——鲸鲨

鲸鲨属于软骨鱼纲须鲨目鲸鲨科，是鱼类中个体最大的种类，可以长到公交车那么长，有"鱼类冠军"的称号。

鲸鲨身上有很多斑点和条纹，看起来像是阳光照射下的水波纹，对于幼年鲸鲨能起到很好的伪装和保护作用。既然它是鱼为什么又叫"鲸"呢？因为鲸鲨的体形和鲸一样庞大，而且牙齿细小，不用牙齿吃东西，属于一种滤食性动物。它们嘴里有特殊的鬃毛叫"鳃耙"，它们在海洋中张大嘴巴，当海水流过鳃耙时，水中的小鱼小虾、乌贼或者浮游生物就会被过滤出来吸进嘴里。

鲸鲨尽管体形很大而且嘴巴又宽又大，但是性情却非常温顺，很少会攻击人类，有时还会与潜水员嬉戏。最新研究成果表明，鲸鲨并不像人们之前

认为的那样是一种行动迟缓的海洋生物。事实上，它们会像水鸟一样从高空俯冲潜入深海，动作十分敏捷。

　　如何判断出现在你面前的鱼是不是鲨鱼呢？那就要看它的外形是不是纺锤形，还有皮肤上有没有盾鳞了。

　　盾鳞又叫皮齿，是牙齿状的鳞片。盾鳞使得鲨鱼的皮肤像砂纸一样粗糙，以前有人甚至用鲨鱼皮当砂纸来使用。据说鲨鱼的名字原来叫"沙鱼"，就是因为其体表的盾鳞摸起来像沙子一样。鱼类专家甚至能够在鲨鱼的胚胎中看到其皮肤上的"牙齿"是如何慢慢地长到头部，然后进入嘴里形成牙齿的"基石"的。鲨鱼的盾鳞不会随着鱼的生长而增大，而是在现有的鳞片之间不断长出新的鳞片。盾鳞十分锋利，随便刮蹭一下就会让人鲜血淋漓，所以即便鲨鱼无意伤害人，靠近它也是件危险的事情。

像鲨鱼这

种徜徉海洋几亿年的生物，在生存竞争中一定有它制胜的法宝，显然它的"武器"已经装备到了皮肤。

众所周知，肉比水重，所以一条死鱼在水里势必会下沉。因此所有的硬骨鱼类都要借助充满气体的鱼鳔来获得浮力。鱼鳔可是好东西，当鱼想要上浮的时候，只需将鱼鳔充满气体；当它想要下沉的时候，只需一点点排出鱼鳔中的气体。又因为鱼鳔里充满的都是氧气，所以在缺氧的环境中，鱼鳔俨然成了一个随身携带的呼吸机，为鱼儿提供必要的氧气。但是，像鲨鱼这样没有鱼鳔的软骨鱼怎么办呢？它们是如何获得浮力的呢？

答案是：它们只能不停地游动，甚至睡觉的时候都不能掉以轻心！正因如此，鲨鱼练就了发达的肌肉、强健的体魄和极高的游泳能力！除此之外，它们进化出了适应环境的方式：一方面，鲨鱼的肝脏很大，里面含有很多可以漂浮在水面上的油脂；另一方面，鲨鱼的骨骼大多是弹性软骨，不会太重。

第二大的鱼类——姥鲨

姥鲨属于姥鲨科姥鲨属，是大洋性上层鱼类，在体形上仅次于鲸鲨，是第二大的鱼类。

姥鲨的体形虽然庞大，但性情却和善，无任何危害，以浮游性无脊椎动物及小型鱼类等为食。进食的时候，它们会先张开大嘴把食物和海水一起吞入，然后用细长的角质鳃耙"筛选"过滤。为了更好地适应这种生活，姥鲨在漫长的进化过程中对自己的某些器官进行了"改装"，比如它的鳃耙变得又细又长，并且密密麻麻，使一些小鱼小虾无法溜掉，从而提高了捕获量。而且，头部两侧的鳃裂向背腹延伸，有效加速了水的流出。

姥鲨具有较高的经济价值，肉和骨头可以作为食物及鱼粉，鱼皮可以制作皮革，肝可以制油。姥鲨的肝油中含有大量鲨烯，鲨烯在医学上是治疗烧伤的良药；又因为鲨烯的凝点非常低，可以达到 -60 ℃，所以工业上常用来制作飞机的润滑油和精密的机械油，而作为鲨烯衍生物的鲨烷又是制作化妆品的重要原料。

姥鲨被猎杀的主要原因是它们的鳍，鲨鱼鳍是制作鱼翅的原材料，而鱼翅中的天九翅就来源于鲸鲨和姥鲨，非常名贵，这为它们惹来了杀身之祸。由于姥鲨的数目严重下降，姥鲨已经被列入《世界自然保护联盟濒危物种红色名录》。

蝙蝠侠——鳐

大家对鲨鱼都有所了解，但对鳐可能却很陌生。其实，鳐是鲨鱼的亲戚，也属于软骨鱼类。只不过，鳐长期生活在海底，就慢慢地进化成了现在的样子。

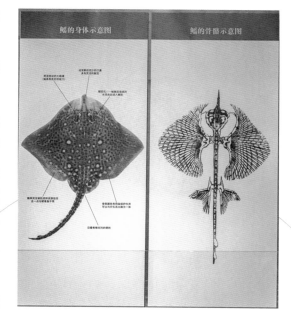

鳐的长相真是很特别，身体扁扁平平，尾巴又细又长，眼睛长在背部，腹部是长得像人的笑脸的结构：那是它的两个鼻孔和一张嘴巴。鳐的胸鳍像扇子一样与身体和头融为一体，是主要的运动器官。游泳时，身体两侧的胸鳍就像是鸟儿的翅膀一样，使得鳐能够优雅地"翱翔"在浩瀚的海洋当中，就像"蝙蝠侠"。

鳐的种类很多，从体形巨大的"魔鬼鱼"——蝠鲼，到可以放电的电鳐，都属于鳐类。在鳐的家族中，除了"魔鬼鱼"蝠鲼在水的中层以滤食浮游生物为生外，其他鳐类几乎都在海底栖息生活，以猎食小型鱼类和无脊椎动物为生。

大多数鳐类的尾鳍都退化成一个细长、鞭子状的尾巴，有的种类上面长着一个坚硬的带倒钩的刺。可别小瞧了这根刺，它能分泌毒素杀死猎物或者防御敌人。

鱼类中的发电机——电鳐

电可以说是人类最伟大的发明之一，其实很多鱼类自身就是放电高手，是名副其实的"电源"，例如电鲶、电鳗等，还有今天介绍的电鳐。

电鳐经常懒洋洋地躺在泥沙里，当它们饥饿时，就瞄准身边的小鱼小虾及其他小动物，搞突然袭击，紧抱猎物，然后由头侧的特殊肌肉放出70～80 V 的电压，把猎物制服，然后吞食猎物。当遇到敌害时，电鳐也通过放电来保护自己。

电鳐的头侧肌肉到底有多特殊呢？这些肌肉由六角形的肌细胞组成，这些细胞两面具有不同的结构，一面较为光滑，通过神经连接起来，发电之前通过神经传导信号，在光滑的一面就产生了电位；另一面凹凸不平，没有神经，也就不受神经控制，所以发电时依然保持静止状态。而这两种状态结合在一起就使肌肉两侧产生了电位差，于是就形成了电流。

尾巴最长的鱼类——弧形长尾鲨

弧形长尾鲨又称镰刀鲨，是目前已知鱼类中尾巴最长的，尾长约占身体的一半。尾巴既是它们运动中的推进器，也是捕食的有力武器。它们游

泳速度极快，性情凶猛，需要捕猎时，便开始围绕鱼群游动，并用长长的尾鳍击打水面，把鱼群集中在一起，再奋力用刀状的尾巴朝鱼群砸去，使猎物死伤、昏迷进而捕食。

弧形长尾鲨属于卵胎生，它们的幼鲨从母体来到这个世界，但是胚胎在整个发育过程中并不直接依赖母体的营养，而是靠卵黄提供养分，这和哺乳类靠脐带从母体中获得营养是有区别的，所以这种生殖方式又被称为卵胎生。母体对胚胎起到保护和孵化作用，这是动物对不良环境的长期适应形成的繁殖方式。

除了卵胎生，鲨鱼的生殖方式还包括卵生、胎生。当软骨鱼类的卵经输卵管排出时，外面都包上一个光滑而坚硬的角质卵壳。壳内除了有受精卵，还填充了大量的半液体状的蛋白质营养物。

软骨鱼类的卵都是大型的，卵壳的形状、大小因种类不同而有差异，例如鼠鲨的卵径可达 70 cm，这也是现存鱼类中最大的卵；刺鲳的卵径为 9~11 cm。鳐和魟的卵壳呈长形，被形象地称为"美人鱼的钱袋""水手的皮包"。

终极猎手——大白鲨

大白鲨又叫噬人鲨、食人鲛、白鲛，是猎食性鲨鱼的一种，被誉为海

洋中的"终极猎手"。

　　大白鲨体形庞大，皮肤看似光滑，其实上面密密麻麻地布满了倒刺，当它们以 70 km 的时速发起攻击时，猎物哪怕是被撞到也会鲜血淋漓。它们的牙齿更被誉为"自然界中最有效的杀戮武器"，能轻而易举地咬断手指一样粗细的电缆。大白鲨喜欢捕食中小型鱼类以及海龟、海豹、海狮，偶尔也会吃鲸的尸体和其他鲨鱼。

　　大白鲨的嗅觉和触觉都非常灵敏，能够嗅到 4 km 以外的新鲜血液的气味。大白鲨凭借着完美的身体构造和卓越的狩猎技巧，徜徉海洋三亿多年，生命历程比两亿多年前的恐龙还要久远。然而恐龙灭绝了，大白鲨却始终没有被大自然所淘汰。不过现在，它们也成了全球面临最大灭绝风险的鲨鱼。这又是为什么呢？要知道大白鲨可是处于海洋食物链的最顶端，基本没什么生物能够威胁到它们的生存，除了——人类。

　　人类捕杀主要是为了获取所谓的美味补品——鱼翅。鱼翅就是鲨鱼的鳍，人们为了能让有限船舱装载更多的鱼鳍，会割下仅占鲨鱼身体1%~5%的鱼鳍，而后将鲨鱼扔回海洋。然而，鱼鳍对于鲨鱼来说就像我们人类的四肢，失去鳍的鲨鱼只能在大海中挣扎着等待死亡。

　　鱼翅真的就那么有营养吗？其实它们的营养和普通的牛肉相似，甚至还不及奶制品。更何况随着海洋环境的破坏，处于食物链顶端的大白鲨体内聚集了大量汞，所以食用鱼翅给人体带来伤害也是有可能的。

图中的大白鲨标本来自于 1984 年的黄海南部，体长 2.7 m，体重 320 kg。

魔鬼鱼——双吻前口蝠鲼

双吻前口蝠鲼属于蝠鲼科，因为长相奇特俗称"魔鬼鱼"。很多人在博物馆展厅第一次见到它时都没有办法把它和鱼联系到一起，可事实上它的祖先早在中生代侏罗纪时期便已在海洋中畅游了。一亿多年来，它的体形几乎没有发生过变化。

它那看起来像翅膀一样的东西，其实是它的胸鳍，正因为这对胸鳍使得它的身宽超过了体长，又因为它的游姿与夜里飞行的蝙蝠有些相似，所以得名蝠鲼。

蝠鲼宽大的体形使得自己看起来像极了一张菱形大毯。在它的头前端还长有一对头鳍，能够自由摇动，在进食时可以像我们人类的手一样帮助自己将食物围拢到嘴前。它有时候会跃出海面，张开"翅膀"，随即又堕入大海中，发出巨大的声响。早期人们还不认识这种大鱼，看着它行为奇怪，浑身又黑漆漆的，所以称它为"魔鬼鱼"。

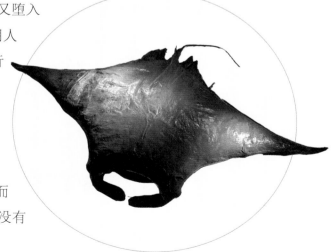

而事实上，蝠鲼性情温顺，主要吃底栖软体动物、甲壳动物和小鱼，是一种滤食性的鱼类。而蝠鲼为什么要跳出海面，目前还没有

明确的解释。可能是为了去掉身上的寄生虫，也或者是雌性生产前的独特动作，这一切还有待我们继续去探索。

据传言，蝠鲼的"鳃耙"具有药用价值，所以双吻前口蝠鲼遭到大量捕杀，2013年《濒危野生动植物种国际贸易公约》（CITES）将双吻前口蝠鲼作为濒危野生动物列入公约，我国从2014年起对双吻前口蝠鲼实施保护。

身体扁平的日本扁鲨

日本扁鲨属于扁鲨科，锈褐色或者灰褐色，身上有暗色和白色斑点，体形扁平。扁平的体形就是它们被称为"扁鲨"的原因。

扁鲨拥有又长又宽的鳍，看起来很像鳐鱼，平时喜欢把身体埋在沙子或泥土中，只留眼睛和背部在外面。因为它们的皮肤颜色与沙子、岩石很相近，所以它们不容易被猎物和天敌发现，而每当猎物靠近时，它们又会突然发动袭击进行猎食。

扁鲨的牙齿小而且锋利，游速不快，主要以鱼类、甲壳类、软体动物等为食，身体常会分泌大量黏液以去除泥沙。扁鲨主要分布于朝鲜、日本，在我国分布于黄海、东海和台湾东北海域。

凶猛无情的锥齿鲨

锥齿鲨又叫沙虎鲨，橄榄绿色的外皮上面有深褐色的斑点。它们的大嘴永远张开着，牙齿锋利、突出。

　　并不是所有鲨鱼的牙齿都像大白鲨一样呈倒三角形，锥齿鲨的前齿就是细长而尖锐的，个个像钉子一样，这种牙齿便于咬住猎物；而后齿则有锉子般的表面，利于咬紧和压碎猎物。锥齿鲨的主要食物有其他鱼类、鱿鱼、蟹、龙虾等。

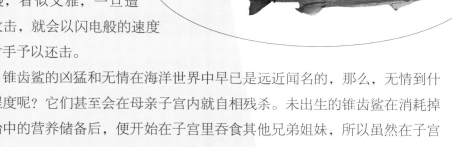

　　别看锥齿鲨平时行动缓慢，看似文雅，一旦遭受攻击，就会以闪电般的速度向对手予以还击。

　　锥齿鲨的凶猛和无情在海洋世界中早已是远近闻名的，那么，无情到什么程度呢？它们甚至会在母亲子宫内就自相残杀。未出生的锥齿鲨在消耗掉胚胎中的营养储备后，便开始在子宫里吞食其他兄弟姐妹，所以虽然在子宫内有几十条小鲨鱼，但最终成功诞生出来的却少之又少，因为其他胚胎都成为最强壮的小鲨鱼的"食物"。因此，锥齿鲨有着与生俱来的捕食本领。

扁头扁脑——扁头哈那鲨

　　扁头哈那鲨属于六鳃鲨科哈那鲨属，头部宽扁，这也是其名字的由来，俗称哈那鲨、六鳃鲨。身体背部呈灰褐色，腹部呈白色，具有不规则的暗色斑点，尾鳍很长。成年个体体长一般2~3 m，性情凶猛，除了虎鲸和大白鲨，几乎没有天敌。

　　扁头哈那鲨主要

以中小型鱼类、甲壳动物为食，也吃腐肉，甚至有捕食海豹的记录。它们是卵胎生，据记载一次可产多达80尾。扁头哈那鲨主要分布在地中海、印度洋、太平洋西北部各海区，在我国产于东海和黄海。

扁头哈那鲨的肝脏内除含有丰富的维生素A、D外，还含有一些毒素，如麻痹毒素、痉挛毒素等。人一次进食其鱼肝过多会引起中毒。

海中老虎——居氏鼬鲨

说到鲨鱼中比较凶猛的，大白鲨首屈一指，而居氏鼬鲨也是其中的佼佼者。

居氏鼬鲨属于真鲨科鼬鲨属，成年后体长一般3~4 m，最大的甚至可以达到7 m，它们身体呈纺锤形，躯干粗壮，牙齿呈锯状，能咬断、磨碎十分坚硬的物体。

居氏鼬鲨食性比较广泛，包括贝类、甲壳类、鱼类、海龟、海鸟、哺乳类等，被誉为"海中老虎"，俗称"虎鲨"。它们主要广布在暖水海区，适应环境能力非常强，喜欢阴暗水域；具有垂直洄游的习性，白天在深水域活动，夜间则到水表层或浅水域捕食。

好奇心强的犁鳍柠檬鲨

犁鳍柠檬鲨属于真鲨科柠檬鲨属，身体呈淡棕黄色或者灰色，这种颜色使它们在沙质海底、沿海栖息地活动时能够完美地伪装自己；也正因为体色与柠檬的颜色非常像，因而得名"柠檬鲨"。

犁鳍柠檬鲨体长一般在 3 m 左右，是一种胎生的鲨鱼，雌鲨经过持续 10 个月的孕育会产下 1~13 尾的幼鲨，幼鲨体长在 45 cm 左右。柠檬鲨幼时生活在平坦的沙地及泻湖区的红树林一带，长大后移至深 400 m 左右的水域。它们的好奇心很强，性情凶残，对人类有一定威胁。

图中这件标本体长 67 cm，采用的是最新的生物塑化技术。这种新技术制作的标本不但能够完整展示鱼类外形，还可以延长标本的寿命。

第三节 海洋哺乳动物
HAIYANGBURUDONGWU

　　梦幻而神秘的深蓝色背景包围着神态各异的巨型海洋哺乳动物标本，让人简直不敢相信这些都是曾经生活在浩瀚海洋中的庞然大物。重达 66.7 t 的黑露脊鲸、52 t 重的潜水冠军抹香鲸、34.7 t 重的长须鲸，还有东北角那仰头向上，似乎要跃起的灰鲸，让人不禁有触动心灵的惊悸，宛若置身浩瀚的海洋，产生无尽的遐想。

　　这些巨型的馆藏标本在世界各地的其他博物馆都难得一见，在大连自然博物馆最大的一个展厅——巨鲸厅，却可以一饱眼福。

没有背鳍的北太平洋露脊鲸

北太平洋露脊鲸行动迟缓，喜栖息于水的上层，头部经常隐没在海面下，将光滑的背部露出水面，故名露脊鲸。它们身体短粗，没有背鳍，头部有形状奇特的角质瘤，是表皮异常增生形成的，因此也有"瘤头鲸"的称号。

根据牙齿的构造，鲸可以分为两大类：须鲸和齿鲸。北太平洋露脊鲸是典型的须鲸，它们性情温顺，巨大的嘴里有 200~270 对鲸须。鲸须从上腭垂下来，向内的一面长着细毛，就像两片宽大的帘幕，也像大筛子似的。它们以小鱼、小虾和浮游生物为主要食物，滤食时，会先把大量海水吸进嘴里，然后闭上嘴，用舌头把海水从鲸须板间挤压出去，大量的小生物会被筛留在须毛上，再用舌头卷起这些食物送入食道。鲸须会不停地生长，以便更换磨损的细毛。一般来说，大部分须鲸会在夏秋两季的四五个月内吃足一年的食物，让体重增加约 40%。这些食物的营养会以脂肪的形式储存在须鲸体内，作为冬天长途迁徙到繁殖场时的能量。

图中是一头雌性北太平洋露脊鲸的外形和骨骼标本，全长 17.1 m，体重约 66.7 t，是目前我国最重的一件鲸类动物标本。

人们一定很好奇，眼前这么大的北太平洋露脊鲸是如何做成标本的呢？首先工作人员要清除鲸体上的污物，测量体重、剥皮、浸泡防腐、脱水去油脂，然后在内皮层涂防腐防虫的物质。皮张处理完成后，要用铁管、角钢、木方打造龙骨架，精确测量皮张的尺寸，将鲸皮披到龙骨架上，进行缝合。制作完成后透风风干，最后根据鲸的颜色进行调色刷色。这样大型的鲸类标本就能和我们见面了。

旁边
的小鲸是它的胎儿，
是工作人员在制作标本的时候
从它的腹中解剖出来的。鲸是哺乳动物，
虽然生活在海里，但它们仍然和其他的哺乳动物一
样，是胎生的，鲸宝宝也要吃奶。

但相信
大家很难想象鲸是如
何在水中哺乳的吧。它们并非靠主动吮吸来吃奶，而是依靠母鲸喷射奶
水的方式进食。母鲸的乳房并不像人类等哺乳动物的一样有突出的曲线。
相反，它们有一对隐藏于皮肤沟中的乳首。只有在哺乳时，细长的乳首
才会从沟中伸出。这时候，鲸宝宝就用舌头把乳头卷住，再用口衔住乳首；
之后母鲸就会将鲸奶喷射到它的嘴里。每次喷射约 10 kg 乳汁，大概 10 s
就完成一次哺乳。

游泳冠军——长须鲸

现在我们来到了长须鲸的身边，它们虽然身体庞大，但身材却苗条匀称，而且是游泳高手，时速可达 40 km，堪称鲸类当中的"游泳冠军"。

长须鲸进食时会以时速 11 km 的高速前进，然后张开嘴部，这会令它们每次吸下多达 70 m³ 的海水，相当于一辆大巴车的容积。吸下海水后，它们会把嘴闭上，把海水透过其鲸须吐出，留在口中的小鱼、甲壳动物及其他食物就会成为长须鲸的腹中物。那么，长须鲸身体的体积如何能在几秒钟内扩大一倍呢？这要归功于它们的喉褶，喉褶是部分须鲸胸腹部的一种特殊结构，伸缩性很强，可扩展至原来的七倍。

长须鲸主要生活在寒带和温带海洋，由于人类的捕杀，长须鲸的数量已明显减少，几乎到了灭绝的边缘。1976 年世界已全面禁捕长须鲸，宣布其为重点保护对象。

眼前这件长须鲸标本是 1959 年制作的，体长 18.40 m，体重为 34.7 t。

喜欢长途跋涉的灰鲸

在大连自然博物馆展厅东北角，有一只"仰头向上，似乎要跃起的"鲸，叫灰鲸。1996 年 10 月，这头灰鲸误入了辽宁大连庄河市沿海的养殖区，在这里回旋了 1 个多月，难以游回大海。大连自然博物馆得知这一消息后即刻前去营救，可惜在海面上搜索了一整天也没有发现⋯⋯无功而返的第二天研究员接到了一个谁也不愿听到的消息：灰鲸的头被养殖筏子缠住，它已经死亡⋯⋯虽说我国海域以前曾多次出现过灰鲸，但都没有见到过较完整的身体标本，对于这头不幸的灰鲸，就地解剖、提取制作成生态标本及骨骼标本的相关部分，也许是它最好的归宿。

研究人员利用当地的坞道把它拖上岸边，动用近三十人及港口用吊车，把整个皮张分为两大块剥下，每块约有 3 t 重，它的肠子经测量约长 130 m，整个解剖用了 2 天时间，之后又用一辆 10 t 的货运车将皮张和骨骼运回大连自然博物馆进行脱脂防腐等细加工。历经 2 年的精心准备和制作后，灰鲸的标本终于在大连自然博物馆新馆开放当天正式亮相。

灰鲸喜欢栖息于近海水域或较浅的海湾，游泳速度较慢，但它们是哺乳动物中迁移距离最长的种类，迁移距离可以长达 10 000~22 000 km。灰鲸的寿命一般为 40 年，所以它们一生中游动的距离相当于游到了月球又返回来那么远。灰鲸身体后部的皮肤上凹凸不平，主要是因为被岩石或砂砾擦伤以及藤壶等寄生动物附着后留下了伤疤而呈现赖皮状。灰鲸主要以底栖的端足类、多毛类环节动物，以及其他的幼鱼、软体动物等为食，进食时张开下颌，侧着身体沿海底游动，把最上面的沙子，以及像贝壳、蠕虫、螃蟹这样的海底动物全部吸入口中，然后通过鲸须重新把水和沙子排出去，

最终留下所需的食物。

　　经过几个世纪的过度捕捞，到 1946 年，灰鲸就已经接近灭绝的边缘，成为受保护动物。庆幸的是，剩下的幸存者在人类的保护下繁衍生息，整个灰鲸种群的数量得到了显著的恢复。

最大的齿鲸——抹香鲸

　　抹香鲸是最大的齿鲸，它们具有有史以来鲸类中最大的脑袋，其头部占了体长的 1/3，呈圆桶形。这种头重脚轻的体形极适宜潜水，它们可以下潜到水下 2000 m，甚至 3000 m，而且作为哺乳动物，竟能在水中闭气长达 1.5~2 小时。那它们为什么要下潜到这么深呢？

　　动物的行为一般来说不是为了生存就是为了繁衍。抹香鲸的下潜是为了追猎一种居住在深海的大王乌贼。可是大家听这个名字——大王乌贼，就知道它们绝不是好惹的。每一条大王乌贼都有十几米长，它怎么可能坐以待毙呢？抹香鲸和大王乌贼的争斗向来被认为是深海里最激烈的战争。即使抹香鲸成功吃下了大王乌贼，它还有个问题要解决，那就是乌贼嘴部有一个硬喙是抹香鲸消化不掉的。为了防止肠子被划伤，抹香鲸会分泌一些特殊物质把硬喙包裹起来再慢慢地排出体外……作为排泄物我们可以想象它是什么味道，但神奇的是，当它在海水中漂荡很长时间之后，会逐渐由灰黑色变成乳白色，而且散发淡淡的清香……它其实就是国际上非常知名的一种香料——龙涎香，价值比黄金还要高，抹香鲸的名字也由此而来。

　　除了龙涎香，抹香鲸的皮可以制革，肉可以食用，鲸脑油可以用于制作药物、化妆品和高级润滑油，牙齿还可以加工成工艺品。巨大的经济价值使

抹香鲸遭到大量的商业捕杀，它们早已被联合国列入世界《濒危野生动植物种国际贸易公约》。

　　抹香鲸如此大的头里面都装了些什么呢？其实主要是一种白色的蜡状物质，叫鲸脑油或鲸蜡油，主要成分是十六酸鲸蜡醇酯。一头抹香鲸的头部可能含有 1000 L 以上的鲸脑油。鲸脑油的实际熔点接近或略高于抹香鲸的体温，其密度变化受温度与压强共同影响。关于鲸脑油在抹香鲸体内的作用，目前还没有确实的答案，一般认为抹香鲸会借助增加局部血流量或吸入冰冷海水的方式，让鲸脑油融解或凝固从而改变比重，作为自己深潜与上浮时的浮力调节器。另有一种说法是脑油器官可能有类似透镜聚焦的功能，与抹香鲸发

射超声波有关。自人类开始捕捉抹香鲸以来，鲸脑油就被视为重要商品，最初用于制作蜡烛，后来主要用于制造润滑油。

2016 年初在江苏南通搁浅了两头抹香鲸，人们想看看能不能在它们身体里找到点没排出去的龙涎香。解剖之后现场的人都很吃惊：两头抹香鲸总共有 8 个胃，我们能够想象它们得有多大，但胃里却一丁点的食物都没有，最后人们只在小抹香鲸的主胃里发现了一张 8 m 多长的渔网……我们不知道这是它误吞的还是实在没有食物、饥不择食吞下的，但我们知道的是近年来在我国多个海域搁浅的鲸类身体里都没有任何食物，有的只是渔网和各种塑料垃圾……

鲸类中的语言大师——虎鲸

虎鲸体长可达 8~10 m，重达 9 t，它们的肤色如熊猫一般黑白相间，外形如海豚一般可爱无敌，有发达的大脑和高超的语言能力。如果说座头鲸是鲸类中的"歌唱家"，白鲸是海中的"金丝雀"，那么虎鲸就是鲸类中的"语言大师"了，它们能发出 62 种不同的声音，而且这些声音有着不同的含义。这种能力，对生活在海洋里的食肉动物来说是十分重要的，它们不仅能够很好地相互交流，还能通过超声波寻找鱼群，并快速判断鱼群的大小和游动的方向。

虎鲸还是一种高度社会化的动物。它们的一些复杂的社会行为、捕猎技巧和声音交流，都被认为是它们拥有自己文化的证据。虎鲸的社会是一种典型的母系社会，整个族群由年长的雌性领导，小虎鲸出生后会始终跟随母亲，这些老族长会用它们丰富的知识与经验带领整个鲸群；而雄性虎鲸的责任是出去寻找食物，然后引导鲸群集体猎杀。它们分工明确，没有地位的高低。

虎鲸分布于几乎所有的海洋区域，从赤道到极地水域，水温或深度都没有限制到它们的活动范围。它们食性很杂，海豹、海豚、水鸟、各种海鱼都是它们的食物，大个子的须鲸有时也是它们攻击的对象。

作为海洋中的顶级杀手，虎鲸的捕猎技巧也极为多样化。遇到鱼群，它们会利用超声波互相联络，制订战术将鱼群包围起来进行轮番进攻。遇到海豹、海狗等猎物，它们会故意让自己搁浅，冲上海岸，给予其致命一击。而当乌贼、海鸟等猎物靠近时，它们甚至会装死漂浮在海面上，待猎物靠近，忽然翻转身体张开血盆大口或用尾巴横扫。

虎鲸捕食鲨鱼的过程更加惊人，它们用尾巴将鲨鱼赶出水面，利用尾巴摆动产生的上升力制造一个漩涡，将鲨鱼置于水流之上，一旦猎物露出水面，虎鲸就快速转动身体，用尾巴将鲨鱼击晕再翻转过来，使其瞬间失去反抗能力。虎鲸对自己的一切猎物都了如指掌，在大海之中是真正的霸主。

拥有特殊皮毛的北极熊

北极熊在熊类中是个体最大的，体长可达 2.5 m 以上，体重可达 800 kg。通常来说，雌性北极熊的体形要比雄性小一半左右。尽管北极熊身躯庞大，但它们奔跑的速度仍然可以达到 40 km/h 左右。

北极熊头部相对较小，它们的耳朵和尾巴也很小，据说这样有助于减少热量的散发。北极熊是非常耐寒的动物，在 -60 ℃ ~ -70 ℃ 的气温下仍能正常生活，既不畏风雪吹打，也不怕冷水浸泡，但在遇到好天气时也很喜欢晒太阳。夏季能量较为丰裕的光线几乎为北极熊提供了所需能量的四分之一，即使在日常生活中消耗掉一些，但大部分能量也还能积蓄在厚厚的脂肪层内，帮助北极熊应付过冬。

北极熊的全身就像是一具完美无缺、绝妙无比的日光换能器，能反射可

见光、截流紫外光。其毛发完全透明、中空，根根毛发从其内表面将可见日光反射出来，故而通体雪白。同时，这些毛发又如滤光器般截获住紫外光，将其辐射热顺着毛发传导到肌肉，被皮肤吸收，无怪其全身的皮肤漆黑如墨了。它们的皮毛可以从各个方面吸收阳光，而皮肤采暖的同时，其板外层却只朝一个方向散热，所以其温度与身体周围的温度相差无几而失热甚微。

北极熊皮下有一层厚厚的脂肪，脚掌上也长有密毛，即使在严寒中仍然可以在浮冰上轻松自如地行走。它们的体形呈流线型，故北极熊善于游泳，在北冰洋那冰冷的海水里，可以用两条前腿奋力划水，后腿并在一起，掌握前进的方向，能够一口气畅游 40~50 km。

北极熊属于正牌的食肉动物，98.5% 的食物都是肉类。海豹是它们最喜欢的美味佳肴，但它们从不在水下捕捉海豹，即使在游泳途中遇到海豹，也会视而不见，因为自知游泳速度不及海豹，所以并不轻易地消耗自己的体力，而往往采用智取的方法。

春天和初夏，会有成群的海豹躺在浮冰上晒太阳，北极熊的嗅觉非常灵敏，千米之外就能嗅出海豹的气味并确定其方向。它们会悄无声息地接近海豹，有时还会推动一块浮冰做掩护，当距离很近时，就像离弦的箭一样猛冲过去，伸出巨大的熊掌猛击海豹的头部。

而当海上结冰后，海豹为了呼吸会从冰底向上挖洞作为通气口，并很注意不让洞口结冰。北极熊发现海豹的通气口后，会以惊人的耐力连续几个小时在旁边等待，甚至有的北极熊还会用前掌将鼻子遮住，以免自己的气味和呼吸声将海豹吓跑。一旦冒冒失失的海豹从呼吸孔探出头来，北极熊便会以极快的速度发动突袭，用尖利的爪钩将海豹从呼吸孔中拖上来，饱餐一顿。

如今，北极熊已经面临严重的生存危机。气候变暖、环境污染、偷猎和工业活动的干扰都是北极熊所面临的主要威胁。

加拿大摄影师保罗·尼克伦等人曾拍摄到一只饿得皮包骨的北极熊的照片，刺痛了人们的眼睛。长期的营养不良导致全身肌肉萎缩，这只北极熊只能靠后腿无力地在地上拖着行走。值得注意的是，每年全球都有 2.5 万头北极熊因为无法捕食饥饿而死。更可怕的是，这个数字目前还在不断增加。

随着全球变暖，北极熊狩猎海豹的重要栖息地——浮冰逐渐消退，它们也因此无法在海面上进行捕猎。北极熊只得拖着瘦骨嶙峋的身躯上岸，在人类的垃圾堆里翻找可以食用的食物，最后有可能依然一无所获。另外，由于北极熊经过数十万年的演化已经适应极寒地带，它们的皮毛可以锁住热气，只通过脚掌和脸部散热，但是气候的不断变暖会导致北极熊即便是在寒冷的北极也有可能被热死。

持久性有机污染物（POP）也对北极熊产生了致命威胁。对有机氯农药的积累研究显示，作为顶级掠食者，北极熊体内积累这些化合物，会损害其神经系统，影响其生殖和免疫功能。

这些北极"霸主"早已失去曾经的光彩。更让人痛心的是，它们只能被动接受血淋淋的现实并默默承担人类破坏环境所带来的后果。

04 LUSHENGSHENGWU PIAN
陆生生物篇

生物进化是从水生到陆生，从简单到复杂，从低等到高等的过程。生命的登陆始于植物，自此地球开始变得多姿多彩。在植物进化的同时，动物界的进化也在有条不紊的进行中。

脊椎动物最早登陆的是肉鳍鱼类。为了呼吸，它们发育出了与鱼鳔同源的肺；为了克服重力的作用，支撑身体进行运动，它们发育出了强壮的脊椎骨和强有力的四肢。

之后逐步演化出一类能适应水陆之间的环境与气候的动物，也就是两栖动物。两栖动物是从水中到陆地繁衍生息的过渡性动物。一些进化彻底的两栖动物，成功地适应了陆地生活，得以生存下来，逐渐进化成爬行动物，从此爬行动物开始了对地球的"统治"。恐龙的诞生将爬行动物推向了一个顶峰，恐龙成为陆地上的绝对霸主，开创了一个空前的时代。

　　6600万年前恐龙大灭绝后，哺乳动物开始接管陆地，登上历史舞台。哺乳动物是动物发展史上最高级的阶段，是与人类关系最密切的一个类群，也是所有动物物种中适应环境和气候变化能力最高的动物种类。

　　鸟类出现在哺乳类之后，是由古爬行类进化而来的一支适应飞翔生活的高等脊椎动物，种类繁多，遍布全球。

第一节 生态篇
SHENGTAIPIAN

　　动物、植物、微生物组成了
自然界中生机盎然、多姿多彩的
生命世界。天空、海洋、陆地都是
它们的"家"。这些生物在漫长的
进化历程中，为了适应复杂多变的环境，
形成了各具特色的"独门秘籍"，具备特殊
的结构与行为，或能散发气味、或能模拟
形态、或能协同作战等。我们以甄选出
的与陆地环境息息相关的植物、昆虫、
两栖爬行动物和鸟类精品标本为载体，
以对生命世界中神奇的生物和生命现象
的解读作为切入点，展现给您一幅充满
生机的生命画卷。

植物大熊猫——红豆杉

红豆杉是世界上公认的濒临灭绝的天然珍稀抗癌植物，是经过了第四纪冰川遗留下来的古老孑遗树种，在地球上已经有250万年的历史了。

仔细观察红豆杉的标本，可以看到上面结了一些"红豆"，那么你知道这个"红豆"是红豆杉的哪个器官吗？

其实，"红豆"红色的部分是红豆杉的假种皮，假种皮是杯子形状的肉质结构，保护着红豆杉真正的种子。

从红豆杉树皮中提取的紫杉醇具有抗癌功效，价值不菲，这也使红豆杉的种群遭受了灭顶之灾。人们疯狂的砍伐、剥皮，使有些地区红豆杉的消耗非常巨大。在自然条件下，红豆杉生长速度缓慢、再生能力差,我国把它定为国家一级保护植物，全世界42个有红豆杉的国家都将其称为"国宝"，联合国也明令禁止对其采伐，红豆杉是名副其实的"植物大熊猫"。

林中仙子——白桦

白桦姿态优美、树皮亮白，在树林中非常显眼，被称作"林中仙子"。白桦喜欢阳光，生命力强，在山火过后会首先生长并迅速成林，是合格的"先锋树种"。

从白桦树干中提取的汁液可以食用，有抗疲劳、止咳等药理作用，被欧洲人称为"天然啤酒"和"森林饮料"。白桦的树皮光滑得像纸一样，可以分层剥下来，这薄薄的树皮有一个浪漫的用处您知道吗？在白桦的树皮上写字，字会看起来格外漂亮，所以很多人用白桦树皮来写情书。除了承载爱意，

白桦

分类：桦木科桦木属
分布：东北、华北、河南、陕西、宁夏等地

白桦木材致密，可制成木器；叶可作染料；树皮可提取栲胶、桦皮油，在民间也常用以编制日用器具。

白桦是俄罗斯的国树，是这个国家民族精神的象征。在我国北方草原上、森林里、山野路旁，都很容易找到成片茂密的白桦林。

我不是神药——何首乌

何首乌是一种多年生的草本植物，有缠绕的茎，但它最具传奇色彩的部分在地下——它那肥厚的块根。

野生何首乌寿命很长，村民挖出四五百年的何首乌块根的新闻也时有发生，加上不良商贩出售"人形何首乌"时的虚假宣传，何首乌拥有了所谓"返老还童""延年益寿"的神奇能力。其实，所谓的"人形何首乌"只是经过雕刻、模具造型再嫁接何首乌苗造出来的假货，真实的何首乌块根就是我们这件标本的样子，更像是扭曲的地瓜。

那么何首乌在脱去了"神药"的外衣后，真实的药用价值如何呢？何首乌的块根有安神、养血、活络的作用，是一种常见的贵细中药材。不过，何首乌中也含有毒性成分，服用时一定要遵医嘱。

黄花梨——降香黄檀

黄花梨您听说过吗？这种名贵的木材中文名是降香黄檀。

降香黄檀是豆科植物，它与紫檀木、鸡翅木、铁力木并称中国古代四大名木。降香黄檀是海南特有珍稀树种，国家二级保护植物，世界濒危植

物。在明清时期降香黄檀是备受欢迎的红木家具材料，过度砍伐导致了其数量急剧减少。

降香黄檀的价格一直居高不下，这还和它的生长速度有关。它的心材最具价值，栽植后 8~10 年才开始形成心材，20~30 年后才有收获价值。

黄花梨纹理细密清晰，有自然形成的天然图案，就是我们常说的"鬼脸儿"。它耐腐耐磨，不裂不弯，散发芳香，香气经久不退，因此成为制作高级红木家具、工艺品、乐器和雕刻、镶嵌、美工装饰的上等材料。

降香黄檀还有珍贵的药用价值，其木材含有降香油，具有抗氧化和降血压等作用。

七叶一枝花——北重楼

重楼属植物的形态很独特，都是一株植物一枝茎，茎上只长一轮叶，达到生育年龄，植株再在叶顶抽出一轮叶状萼片，形似塔楼，故被称为重楼。又因本属植物轮生叶多为 7 片（一般 3~9 片），在轮生叶顶着生黄绿色花一朵，所以它们又有个俗名，叫"七叶一枝花"。

北重楼是百合科重楼属的代表植物。它的根状茎具有药用价值，可用于治疗高热抽搐、咽喉肿痛、毒蛇咬伤等。

北重楼分布在我国东北、西北、内蒙古等地，生长于海拔 1100~2300 m 的地区，多生长在山坡林下、草丛中、阴湿地或沟边。

行走的木棍——巨竹节虫

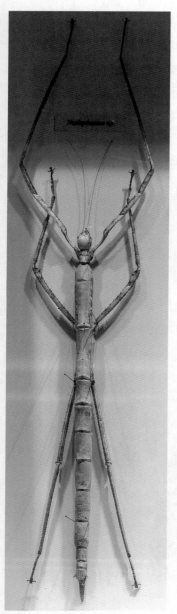

竹节虫的外号叫作"行走的木棍"，它们通常与所处环境中的树枝极其相似，即使近距离地观察也很难辨认。它们很擅长保持不动，风起的时候会微微摆动，好像一截被风吹动的树枝。如果受到攻击，它们也会像断掉的树枝一样自然掉落到地面。

Pylaemenes borneensis

竹节虫在昆虫中比较低等，所以它们具备一些低等生物的特点。比如雌性竹节虫会产出不需要受精就能发育的卵，这个过程叫作孤雌生殖。这种能力使得它们不必为寻找配偶而活动。

再比如，仔细观察中间的图中这只巨竹节虫的足，有没有发现它的第一只足有点特别？排除先天畸形的因素，这很有可能是一只再生足。再生的本领很多动物都有，比如蚯蚓、壁虎、章鱼，但在昆虫中可是不

巨竹节虫
Eurycnema versirubra

Necroscia annulipes

多见的。实验表明，若在初龄若虫时期断掉足，再生足到成虫期完全能长成正常足的样子；若在三龄若虫时期断掉足，到成虫期可以明显看出再生足比较短小；若在老龄若虫时期断掉足，就无法再生了。

花生头——南美提灯蜡蝉

请看图中这件标本，它的头部是不是很像花生，从侧面看又很像鳄鱼的头部？它的中文名叫南美提灯蜡蝉，俗名就是"花生头""鳄鱼虫"。南美提灯蜡蝉为什么会有这样奇怪的头部呢？有学者认为这个形状模拟了某些蜥蜴，这就让不敢吃蜥蜴的动物也不会轻易捕食它。

南美提灯蜡蝉处于食物链的底端，所以它们的捕食者数不胜数，只有一种防身手段可不够用。它们的体色本身就是跟生活环境类似的保护色，当它们被捕食者发现而奇怪的头部又起不到恐吓作用时，它们会打开翅膀，露出这对惟妙惟肖的大眼睛。这双模仿高等动物眼睛的眼斑又可以为自己赢得一线生机。此外，当受到攻击时，它们还能喷射出带有恶臭气味的气体。

你可能还会发现，为什么南美提灯蜡蝉身上有白白的东西？是不是标本保存不善长毛了？当然不是，这个白白的东西其实是蜡，蜡蝉也是因为

能够分泌蜡质而得名的。这些蜡也是一种防护手段，能起到保持蜡蝉身体含水量的作用。

失而复得——阳彩臂金龟

图中这对威武的大型甲虫名叫阳彩臂金龟，数量稀少，是我国国家二级保护动物中为数不多的昆虫之一。

1982 年，我国宣布阳彩臂金龟灭绝，此后阳彩臂金龟的标本价格不断飙升甚至达到天价。不过在过去的十

几年间又相继有发现该虫的报道。现在，阳彩臂金龟种群数量恢复明显，不过在部分适宜其生长的地区依然十分稀有甚至不见踪迹。

阳彩臂金龟的头部比较小，背部明显拱起。雄虫前臂特别长，甚至超过身体的长度。这些都是它们的识别特征。近年来它们在我国江西、福建、贵州、四川等省份均有发现，但具体的野外数量不得而知。

世界上最美的蛾——太阳蛾

太阳蛾

太阳蛾又名多尾凤蛾，属于燕蛾科，被称作"世界上最美的蛾"。它们的翅膀如折射了太阳的光芒一般五彩缤纷。但它们是有剧毒的，而且越是艳丽的地方毒性越大。太阳蛾身上的华丽色彩也是为了警告捕食者，让对方知道它们身上的毒性。

太阳蛾白天飞行、色彩艳丽，在发现之初被误以为是凤蝶，直到50年后才"认祖归宗"，归为凤蛾。太阳蛾的色彩曾流行于维多利亚女王时代，当时的人们用它们的翅膀做成首饰佩戴。马达加斯加当地人叫它们"贵族精灵""国王蝴蝶"。

下边的月亮蛾虽然不如太阳蛾华

月亮蛾

丽，颜值却依然甩了一般蛾子不止一条街。太阳蛾和月亮蛾亲缘关系很近，但是它们来自不同的地区，太阳蛾的故乡是一座神奇的岛屿——马达加斯加，月亮蛾则分布于部分南美国家，图中这件标本来自秘鲁。所以在自然界中它们是不会一起出现的。要看到这种"日月同辉"的奇景，只能来自然博物馆啦。

中国国蝶——金斑喙凤蝶

金斑喙凤蝶是凤蝶科喙凤蝶属的一种大型凤蝶，体长 30 mm 左右，两翅展 90 mm 左右。它的翅表是黑色的，您仔细看就会发现上面覆盖着

密密麻麻的翠绿色鳞片；后翅中央的大型金黄色斑让它得名金斑喙凤蝶。其实它的金斑可不止这一处，可以看到它的尾尖也是金黄色的。

金斑喙凤蝶是雌雄异型的蝶类，这只标本是雄蝶。金斑喙凤蝶常在林间的高空周旋盘飞，姿态特别优美，犹如华丽高贵、光彩照人的"贵妇人"，因此被称为"蝶中皇后"。

金斑喙凤蝶是我国唯一的一级保护昆虫，被誉为"国蝶"，为世界八大国蝶之首。可是在1980年之前，国内却没有一枚金斑喙凤蝶标本可供科学研究和鉴赏。1980年8月，武夷山森林病虫普查队在深山峡谷中捕获到一只雄性金斑喙凤蝶。这枚标本成为我国第一号金斑喙凤蝶标本，如今被珍藏于中国科学院动物研究所标本馆。

金斑喙凤蝶的野外数量比大熊猫还要少，长期以来一直被世界上的蝴蝶专家誉为"梦幻中的蝴蝶"。专家分析，金斑喙凤蝶珍稀的原因，一是分布区域极其狭窄；二是雌、雄性比相差悬殊，约为1∶50～1∶200；三是蝴蝶研究者、收藏家及爱好者热衷捕采，甚至有人不惜重金收购，刺激了牟利者的狂捕滥采。

来自天堂的使者——天堂凤蝶

天堂凤蝶是一种翅形优美的大型凤蝶，它们天鹅绒质感的黑色翅膀中央有大片的纯净蓝色，美得仿佛天上的来客，当地土著认为它们是来自天堂的使者，并将它们命名为天堂凤蝶。

天堂凤蝶产于澳大利亚、印度尼西亚、巴布亚新几内亚和所罗门群岛，主要栖息于热带雨林。城郊热带植物繁茂的花园也有发现。它们是澳大利亚昆士兰州的旅游象征物。

关于天堂凤蝶，还有一个有趣的故事。

18世纪，欧洲探险家来到澳大利亚，发现了这块富足的新大陆。随后英国人与法国人展开争夺。法国快船捷足先登抢占了维多利亚州，欣喜之余，他们发现了一种异常美丽的蝴蝶，于是便倾巢而出去追赶。英国人登陆时发现只有法国船只而没有水手，于是插上英国国旗占领了这块土地。就这样，法国人为了得到美丽的天堂凤蝶丢掉了殖民地，不过这种"只爱蝴蝶不爱江山"的行为，却也为他们赢得了"浪漫"的美名。

传奇迁徙者——君主斑蝶

很多动物都有迁徙的习性，其中最有名的就是君主斑蝶，因为它们会进行大规模、跨世代的长距离迁徙。

为什么说它们的迁徙是跨世代的呢？秋天在加拿大出生的君主斑蝶往南迁徙到墨西哥，直到迁徙结束才会繁殖。它们在南方产卵、死去。新一代君主斑蝶就在南方的春天孵化，然后往北回迁，再也飞不动的时候就停下来产卵然后死去。整个春天和夏天，接着出生的第二代、第三代甚至第四代继续往北飞，直到完成迁徙。没有一只蝴蝶能将整个旅程飞行两次，但新出生的蝴蝶都会沿着祖辈飞过的路线完成这长达 4800 km 的旅程。

为什么它们要如此"费劲"地迁徙呢？简单来说，南方有温暖的环境，北方有适合的食物。蝴蝶就是为了这样简单却重要的原因，以小小的身躯进行着这样的壮举。为了保护君主斑蝶，人们已经在它们行程中的多个地点建立了保护区。

"隐形"的翅膀——玫瑰绡眼蝶

有一首歌叫《隐形的翅膀》，那么真的有这样的翅膀吗？下图是两只玫瑰绡眼蝶，仔细看不难发现它们的翅膀是透明的。这在蝴蝶当中可是相当特别的，那么它们这种透明翅膀跟别的蝴蝶有本质上的区别吗？

我们都知道，蝴蝶翅膀的颜色和光泽都靠鳞片，如果它们因某些原因鳞片脱落，比如被拿在手里搓掉了粉，它们的翅膀就会呈半透明的薄膜质。环境不好、饱经风霜和天敌蹂躏也会导致其翅膀掉粉。也就是说，所有的蝴蝶翅膀本来都是透明的，像玫瑰绡眼蝶这样呈现透明状的翅膀只是"返璞归真"而已。

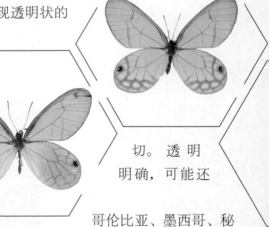

其实有透明翅膀的可不止玫瑰绡眼蝶。很多蝴蝶翅膀局部没有鳞片，形成犹如窗户的造型，窗绡蝶的名字就非常贴切。透明翅膀在演化上的意义还不明确，可能还跟保护色或警戒色有关。

玫瑰绡眼蝶生活在巴西、哥伦比亚、墨西哥、秘鲁等地，图中的这两件标本来自秘鲁。

隐身大师——枯叶蛱蝶

会模拟枯叶的昆虫并不少，但"枯叶蛱蝶"的名字在其中甚至在整个拟态界可是响当当的，因为枯叶蛱蝶的拟态是最逼真的。飞翔状态的枯叶蛱蝶只是一只漂亮的蝴蝶，没什么特别的。但当它们一落下收起翅膀，就立刻"隐身"了。

你看图中这件标本，合起翅膀后的枯叶蛱蝶就和枯叶一模一样，连叶脉、叶柄都有。它的两片翅膀配合默契，共同完成了这个天衣无缝的"魔术"。枯叶蛱蝶在被天敌追捕时会合着翅膀，用一种无规律的方式滑翔，看起来就像一片坠落的树叶；落到地面之后，它就侧躺下来，消失在一堆叶子中，让对方无处可寻。

枯叶蛱蝶是食腐的蝶类，腐烂水果、动物粪便都是它们的食物。它们喜欢潮湿的环境，一般的栖息地可以达到 1800 m 的高度。枯叶蛱蝶虽然在我国西南的多数省份都有分布，但总数却很稀少，是比较罕见的蝴蝶。

世界上最美的蝶——海伦娜闪蝶

海伦娜闪蝶有众多名号，如"秘鲁国蝶""光明女神""蓝色多瑙河蝶"等，其中最响亮的还是"世界上最美的蝴蝶"。雄性海伦娜闪蝶的翅膀表面闪着金属般的蓝色光泽，在光线的作用下颜色还会产生很大的变化。然而，旁边的雌蝶就相形见绌了。

仔细观察不难发现，雄蝶是没有腹部的。这并不是标本损坏了，而是闪蝶的油性物质会破坏蝶翅的结构，所以在制作标本的时候腹部都会被摘掉。经过了摘腹处理的海伦娜闪蝶就可以在流通中保持美丽，这也成了闪蝶标本最显著的特征之一。

科的雄蝶腹部分泌

　　海伦娜闪蝶远播的美名也曾使它们自身遭受灭顶之灾。疯狂捕捉加上自身的繁殖力弱都导致它们的野生种群不断萎缩。为保护海伦娜闪蝶的野外种群，秘鲁开展了大规模的人工繁育，才让更多人欣赏到眼前这样美的标本。

　　海伦娜闪蝶表面的图案像一个张开双臂、迎接世界的人，大连自然博物馆也是这样向观众张开怀抱，欢迎每一位热爱大自然的朋友前来参观。

唯一产于中国的蚓螈——版纳鱼螈

　　这个长得细细长长的家伙可不是蛇，它叫版纳鱼螈。版纳鱼螈是一种两栖动物，属于蚓螈目鱼螈科鱼螈属，是唯一一种产于中国的蚓螈。版纳鱼螈的头和尾不仔细分辨容易混淆，所以又有"两头蛇"的俗名。

　　版纳鱼螈生活在海拔100~900 m植物茂密而潮湿的热带、亚热带地区，常栖息于溪流、小河及附近的水坑、池塘等。鱼螈穴居生活，用头在肥沃的泥里钻洞，形成相互沟通的网状隧道，有多个洞口。正因为适应了穴居生活，它们的眼睛已经没有视觉功能，只能感光。白天版纳鱼螈待在洞里或露头在洞外，有时到菜园或田边活动。版纳鱼螈在夜间外出觅食，成年的版纳鱼螈几乎只捕食蚯蚓，在饲养的条件下会拒食其他动物食物。

　　版纳鱼螈在我国仅分布于云南和两广的部分地区，数量稀少，已被列入《国家保护的有益的或者有重要经济、科学研究价值的陆生野生动物名录》。

绿背黑蹼——黑蹼树蛙

　　成年的黑蹼树蛙经常在树上活动，它们扁平的身体和四肢巨大的吸盘都让它们更适应树上的生活。它们的身体多数是绿色的，这是一种保护色。

　　请看这只黑蹼树蛙，别看它现在白乎乎的，在它活着的时候，整个背面都

是绿色的，前肢下面也就是我们腋下这个位置有一个大黑斑。黑蹼树蛙的蹼非常发达，以黑色为主，这点在标本上还是可以看出来的，这个特征也是它们中文名的由来。

黑蹼树蛙生活在海拔 1000 m 左右的热带雨林，干旱季节分散栖息在森林里，雨季的夜晚会大量出现在水塘附近的植物上。5—6 月繁殖季节的雨夜，黑蹼树蛙会大量聚集在静水域旁的树枝上，跳跃或滑翔追逐。它们的卵产在水面上方的枝叶上，发育成蝌蚪后会掉入水中生活。

在大连出现过的海蛇——青环海蛇

海蛇属于蛇目眼镜蛇科，它们能潜水、有剧毒，是生活在海洋中的一类特别的爬行动物。很多大连人没见过海蛇，那是因为世界上大多数海蛇都聚集在大洋洲北部至南亚各半岛之间的水域内，大连是见不到的。不过有种海蛇可是曾经出现在大连海域的，它们就是青环海蛇。

青环海蛇长 1.5~2 m，躯体细长，后端及尾是侧扁的，这个形状是很特别的。它们的背部深灰色，有 55~80 个黑色的环带。它们善游泳，以捕食鱼类为生，尤其喜欢吃尖吻蛇鳗。和陆生蛇一样，青环海蛇也有较高的经济价值，是名副其实的"海宝"。

海蛇的毒液属于最强的动物毒之一，青环海蛇作为一种前沟牙类剧毒蛇，会不会给我们的生活带来麻烦？在海里游泳会不会被它们攻击？这一点大可不必担心，海蛇是很温顺

的动物，不会主动攻击人类。上面我们说到，青环海蛇曾经出现在大连海域，图中这件标本就是在大连海域捕获的。不过，如今它们已难觅踪迹。

"国产"眼镜蛇——中华眼镜蛇

中华眼镜蛇又名舟山眼镜蛇，是我国特有的一种大型毒蛇。在受到惊扰时，它们会竖起前半身，颈部扁平扩展，露出颈背特有的像眼镜一样的斑纹。眼前的这件标本展示的就是中华眼镜蛇的"战斗状态"。

我们都知道毒蛇是靠注入毒液来控制猎物的，毒牙就是它们的"注射器"。毒牙分为管牙和沟牙。管牙像针管一样，是中空的牙；沟牙类似管牙，但牙表面有沟裂。管牙的横截面是"O"形，沟牙的横截面是"C"形。

根据牙的类型可以把毒蛇分为三类，管牙类毒蛇、前沟牙类毒蛇和后沟牙类毒蛇。

所有蝰科的蛇类都属于管牙类毒蛇，毒牙位于上颌前方两侧，平时隐藏于肉质鞘中，咬人时向前伸出。

所有眼镜蛇科的蛇类都是前沟牙类毒蛇，它们的共同特征是头部呈较扁的圆形或椭圆形，有一对小且不明显的毒牙位于上颌前方两侧，沟牙不如管牙长、大，所以平时不需要隐藏在口腔中，可以随时使用。

游蛇科中的一小部分种类属于后沟牙类毒蛇，它们的毒牙较大，一般位于上颌后方，毒性比以上两类毒蛇要弱，多数人被咬后仅会发生肿胀，不足以造成死亡，但对一些体质较敏感的人仍可能会引起过敏，造成生命危险。严格地讲，后沟牙类毒蛇不足以称为真正的毒蛇，应该叫半毒蛇更为合适。

眼镜蛇和眼镜王蛇的蛇毒属于混合毒素，猎物被咬后的伤口红肿发热，既有神经症状，又有血循毒素造成的损害，最后，猎物会死于窒息或心力衰竭。蛇毒虽然致命，却有抗癌、抗凝、止血、镇痛等作用。

中华眼镜蛇长期以来被大量捕杀，野外数量已经不多，人工繁殖难度也很大。中华眼镜蛇是 CITES 附录 II 物种，在国内相当于国家二级保护动物。

我国特有的鳄类——扬子鳄

扬子鳄是我国特有的一种中小型的鳄类。在扬子鳄身上，至今还可以找到早先恐龙类爬行动物的许多特征。所以，人们称扬子鳄为"活化石"。

我们都用"鳄鱼的眼泪"来形容人的虚伪，那么鳄鱼为什么会流眼泪呢？鳄鱼下眼睑有湿润眼球的哈德氏腺和较小的泪腺，它们的分泌物都会从泪管通到眼球。扬子鳄在蛰眠期或眼球受到撞击的时候会分泌大量液体湿润眼睛，这就是所谓的"鳄鱼的眼泪"。

在我国古代长江南岸各地几乎都有扬子鳄分布，但后来乱捕滥猎导致其栖息地不断缩紧、种群数量不断下降。我国 1972 年将扬子鳄列为国家一级保护动物，建立了保护区并大力推行扬子鳄人工繁育项目。通过不断地繁育、放归，扬子鳄野外种群得到了恢复。1992 年扬子鳄被列入 CITES 附录 II 物种。

会喂奶的鸟——美洲红鹳

这件标本想必很多人都认识，被我们称作"火烈鸟"的就是它——红鹳。红鹳是鹳形目红鹳科鸟类的统称，包括秘鲁红鹳、安第斯红鹳、小红鹳、智利红鹳、大红鹳和美洲红鹳，图中的就是美洲红鹳，又叫加勒比海红鹳。

作为一种古老而神奇的鸟类，在漫长的进化过程中，红鹳适应了在盐碱水域生境中生活。它们的觅食方式非常独特，涉水先把长颈弯下，头部翻转，然后一边走一边用弯曲的喙向左右扫动，触摸水底取食。

哺乳动物会分泌乳汁哺育幼崽，可是你知道世界上还有会喂奶的鸟吗？红鹳就是其中的一种（另一种就是非常常见的鸽子）。

红鹳分泌乳汁的机制和哺乳动物是一样的，都与一种激素有关——它就是催乳激素。而且红鹳爸爸和妈妈都会因催乳激素而导致嗉囊腺体细胞的增生，所以它们都会为宝宝喂奶。红鹳的"乳汁"是从嗉囊里分泌出来的，嗉囊是鸟类消化器官的一部分，位于食管的后段，就像一个袋子，用来暂时贮存食物。红鹳的"乳汁"其实是由藻类转化来的高热量的流体食物，富含15%的脂肪和8%~9%的蛋白质，还夹杂着1%的血液和少量浮游生物。可见红鹳为了下一代真是"呕心沥血"。

红鹳拥有充满"少女心"般的粉红色羽毛，这让它们的形象成为了一个流行元素。那么这特别的毛色是怎么形成的呢？其实红鹳在刚出生的时候羽毛是灰色或者白色的，随着逐渐长大羽毛慢慢变成粉红色，这与它们食物中含有的类胡萝卜素有关。红鹳爱吃的一些藻类和甲壳类中含有这种色素，它们体内的酶能将类胡萝卜素分解成粉红色和橘色的色素微粒，并将其储存在自己的羽毛、嘴巴和腿上，让身体呈现出绚丽的颜色。

东方宝石——朱鹮

朱鹮是一种古老的鸟类，据记载，鹮科鸟类迄今已有几千万年历史。洁白的羽毛、鲜红的头面和黑色的长嘴，是它们的显著特征。朱鹮是东亚特有种，有鸟中"东方宝石"之称。

但是随着人类社会的发展，人口膨胀、环境破坏、偷猎盗猎，朱鹮的栖息地越来越小，种群也越来越少。1963年的俄罗斯、1975年的朝鲜半岛，朱鹮渐渐消失在人类视野中。1981年，日本为了拯救朱鹮，决定把最后6只野生朱鹮全部捕获，进行人工饲养。同时宣告朱鹮在日本野外灭绝。朱鹮相继在其主要分布国家消失，引起世界震惊。

朱鹮历来被日本皇室视为圣鸟。朱鹮的拉丁学名"Nipponia Nippon"直译就是"日本的日本"，以国名命名鸟名，足见这个国家对于朱鹮的重视。1972年，日本环境厅请求中国寻找野生朱鹮。1978年起，国务院委托中国科学院动物研究所组成专家考察组，开始了对我国东北、华北和西北三大地区的调查。专家组历尽艰辛，1981年终于在陕西秦岭的山林里发现了两窝朱鹮，这是当时全世界仅存的7只野生朱鹮。

经过不懈努力，到2014年，我国朱鹮种群数量增至2000多只，其中野外种群数量突破1500只，朱鹮的分布地域已经从陕西扩大到河南、浙江等地。

寿鸡——红腹角雉

红腹角雉属于鸡形目雉科，体形比家鸡稍大，性情机警，善于奔走。红腹角雉叫声像小孩啼哭的声音，所以又被称为"娃娃鸡"。

雄鸟头上有冠羽，两侧长着一对肉质的角状突，角雉的名字由此得来。红腹角雉的脸是天蓝色的，但是这不是它们羽毛的颜色。它们的脸上是没有羽毛的，蓝色的是它们的皮肤。在其脖子下面有一块图案奇特的肉裙，色彩非常绚丽，变化也很多，两边分别有八个斑块，中间有许多天蓝色的斑点，人们觉得这些斑点很像一个潦草的"寿"字，所以又称它们为"寿鸡"。

与雄鸟相比，雌鸟的羽色就逊色多了，不过这种天然的保护色可以使它们在孵卵时免遭天敌的袭击。红腹角雉是一种有很高观赏价值和经济价值的鸟类，已被列入《国家重点保护野生动物名录》，属于国家二级保护野生动物。

吉祥长寿的象征——白鹤

白鹤是大型的涉禽，很多人觉得白鹤应该是通体白色的，其实它们的头面部是鲜红色的，翅尖是黑色的。

与大多数鹤类一样，白鹤也是一夫一妻制，产卵期常与冰雪融化期一致，从5月下旬到6月中旬，每窝产卵2枚，雌雄鹤交替孵卵，但以雌鹤为主。

孵化出的幼鸟中只有1只能存活下来，因为白鹤的幼鸟攻击性太强，较弱的1只常在长出飞羽之前死亡。

白鹤是濒临灭绝的动物之一，这是多方面因素导致的。其中栖息地的破坏和改变为主要因素，其他因素还包括全球性的环境污染、人类捕杀、外来种群竞争、繁殖成活率低等。白鹤对栖息地要求很高，对浅水湿地有明显的依恋性。它们是候鸟，迁移过程也充满危险。

在中华传统文化中，白鹤也占一席之地，它们象征吉祥长寿，一身洁白也代表着纯真优雅。目前白鹤是我国一级保护野生动物。

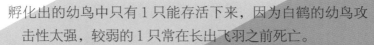

天堂鸟——大极乐鸟

在鸟类中，很多物种的雄性和雌性都长得不太一样，众所周知，通常颜色鲜艳、长得漂亮的是雄性。图中这件标本就是雄性的大极乐鸟，属于雀形目极乐鸟科。极乐鸟是本科鸟类的统称，除了大极乐鸟，还包括蓝极乐鸟、新几内亚极乐鸟等种类，被很多人认为是世界上最华美绚丽的鸟类。

　　早期欧洲商人为了以它们华丽的羽毛吸引贵族，会去掉极乐鸟标本的爪子，这导致人们口口相传，说这种没有爪子的鸟是天堂使者，可以一直飞翔而不需要着陆。因此极乐鸟又名天堂鸟。

　　许多鸟在求偶的时候都会有一个复杂的程序，那就是求偶仪式。极乐鸟在求偶的时候会在树上舞蹈，几乎没有哪种鸟的求偶仪式能和它们媲美。每到繁殖季节，雄性极乐鸟就会在树顶聚集，舞蹈比赛的序幕即将拉开。它们会展开所有羽毛，争先恐后在树枝上做出夸张的动作展示自己、吸引雌性。图中这件标本呈现的就是大极乐鸟的求偶状态。舞蹈比赛的冠军会获得和更多雌鸟交配的机会，占据绝对的繁殖优势。

　　极乐鸟生活的热带雨林资源丰富，所以雄鸟不用献上食物求偶。而雌鸟会一力承担筑巢和抚育后代的职责，所以雄鸟才可以将所有的精力放在展现自己上，我们也得以欣赏到这种华丽的求偶仪式。

第二节 东北森林篇
DONGBEISENLINPIAN

东北林区是我国最主要的天然林区，其中的长白落叶松、兴凯松、兴安松等都是东北森林特有的针叶树种，这里野生动物资源丰富，许多珍禽异兽如花尾榛鸡、东北虎、黑熊等都在此生活繁衍，特别是毛皮兽的数量及种类均占全国首位。大连自然博物馆东北森林展厅是一个大型开放式的生态景观，我们可以穿梭其中，欣赏"东北森林之夏"的独特景致。展厅里的景观水塘和景观仿真树是运用大连自然博物馆自主知识产权的专利技术设计制作的。

体似骏马——马鹿

马鹿是仅次于驼鹿的大型鹿类，因体形似骏马而得名，夏季毛比较短，一般为赤褐色，背面较深，腹面较浅，所以有"赤鹿"之称。马鹿成群生活在高山森林或草原地区，喜欢吃各种草、树叶、树皮和果实。有很多人不能区分马鹿和花鹿，马鹿在哺乳期有花斑，和花鹿很像，但随着第一次换毛，花斑消失，就会和花鹿明显区别开来。刚出生的小马鹿只吃奶，6～7周就开始半奶半草，8～9周的时候完全断奶。马鹿嗅觉非常灵敏，而且善于记路，能帮助人找到各种菌类，据说还会踩死蛇来保护主人。

马鹿的全身都是宝，其中人们最熟知的就是鹿茸。鹿有一个很独特的生理特征，每年春天长出鹿茸，几个月后，鹿茸渐渐变硬，骨化成鹿角。第二年春天，鹿角脱落，又会长出新的鹿茸。人们会利用这个特性，在鹿茸没有变成鹿角之前，取下鹿茸作为药用。鹿茸最珍贵的是茸尖，茸尖能切成蜡片，每个鹿茸只产薄薄的几片蜡片，是胶状的，蜡片的价格是黄金的2倍。鹿茸在《本草纲目》的记载里只有8个字：宜肾，补气，强筋，健身。由于马鹿的药用价值，人们开始大量饲养、驯化马鹿，让其从小就跟人建立亲密的关系。

很多民族都有崇拜鹿的习俗，内蒙古巴林左旗大草原是北方马鹿的繁殖基地，也是亚洲最大的开放式牧场。马鹿在这片草原上生活了至少上千年，一个民族跟这里的马鹿有着特殊的关系，那就是辽代骁勇善战的契丹族，契丹族曾经打下了辽阔的疆域，雄踞中国北方200多年。在这个民族遗留下来的大量文物中，就出现了很多乖巧可爱的马鹿形象，比如衣服上飞鹰逐鹿的刺绣、铜镜的鹿纹饰以及壁画上的鹿。马鹿是契丹人重要的衣食资源之一。辽史中有不少狩猎马鹿的记录。契丹人制作了一种哨子，一吹就能发出鹿的叫声，人们埋伏好，马鹿就会被哨子声音吸引过来。另外一种方法，人们把盐撒在地上，戴上鹿头、披上鹿皮埋伏好，不久鹿就会过来舔盐，人们就趁机而起，把鹿逮住。之后，契丹人还开始驯养马鹿，辽上京周边马鹿成群，山高林密，现在乌兰坝的山脉上有3个地方叫大鹿圈，山谷里也有很多野生马鹿。1000年前，马鹿是契丹人的好伙伴，它们在这片广袤的草原上与人类和谐相处。今天，马鹿依然给这里的人们带来健康和财富。

久蛰思启—黑熊

黑熊体毛黑亮而长，下颏白色，胸部有一块"V"字形白斑，因此还有个好听的名字叫"月亮熊"。黑熊就是黑色的吗？不，黑熊有可能是褐色的，也可能是黄棕色甚至是白色的。黑熊有着世界上最大的爪子，熊掌是真正强大而且多功能的武

器，黑熊不仅用它们来捕杀猎物，还用它们来挖坑、捕鱼和打架。这些沉重的爪子最长可达到 12 cm，长在体重为 680 kg 的熊身上，能够瞬间将猎物开膛破肚。黑熊的奔跑速度能超过奥运短跑冠军，再加上它们长而有力的爪子，让猎物真的是不堪一击。黑熊身上的每一部分都为了杀戮而生，不过它们通常都没有恶意，除非为了捍卫食物和家人。黑熊即使在其同类的周围也会紧张，因为公熊会杀死其他熊的幼崽。

黑熊是杂食性动物，浆果、根茎、坚果、蔬菜都吃，饿的时候更是饥不择食，它们醒着的阶段必须大量进食，把脂肪储存起来，为冬眠做准备。黑熊可以分辨颜色，但只有在非常靠近时才能看清细节，因此它们更多依赖听觉来提防捕食者。它们的听觉非常敏锐，是人类的 2 倍，森林里有什么响声，它们从百米之外就能听到。几乎所有的黑熊都是靠气味来交流的，它们的嗅觉比猎犬敏锐 7 倍。味道对黑熊来说十分重要，它能帮助黑熊标记自己的领土，母熊会用背摩擦树木，在树上留下自己的气味。一只黑熊的领土最大能达到 40 km²，任何一只路过的熊都能分辨出它独特的气味。

冬天，黑熊一直躲在巢穴里冬眠，照看刚出生的熊宝宝。熊宝宝刚出生的时候浑身都没有毛，眼睛什么都看不到，需要妈妈的温暖。熊妈妈的奶比人类的母乳要浓 5 倍，在冬眠期间抚养两只熊仔，能让熊妈妈减掉将近身体一半的重量。春天，黑熊一离开巢穴，就必须快速增肥，为来年冬天做准备。每天它们都在不停地吃东西，这是一场和时间的赛跑，黑熊每天需要消耗超过 50 KJ 的热量，才可以挺过冬眠期。黑熊的嘴唇与牙龈是分离的，而且十分灵活，再加上灵巧的舌头，它们能吃水果、坚果和蜂蜜等各种食物，餐谱里只有很小的一部分是小型哺乳动物。黑熊还喜欢吃鱼，敏锐的视觉和锋利的爪子，让它们抓起鱼来非常轻松。

吉祥之物——梅花鹿

　　梅花鹿别名花鹿，偶蹄目鹿科鹿属。历史上，梅花鹿曾广泛分布于亚洲东北部，从西伯利亚到乌苏里江、中国台湾至越南北部和日本。我们的祖先不仅将它们视为灵性的吉祥之物，更从这种动物身上获取了宝贵的财富，并且在 200 年前就开始了对梅花鹿的驯养。

　　梅花鹿体长约 1.5 m，肩高约 1 m。通常雄鹿长角、雌鹿不长角。梅花鹿全身有明显的白色斑点，体背斑点排成两行，体侧斑点自然散布，状似梅花，所以得名"梅花鹿"。梅花鹿一般栖息于针阔叶混交林中，

行动敏捷，听觉灵敏，嗅觉发达，视觉稍弱。一般情况下，梅花鹿发现人，会跑出 30 m 左右然后站住，并回头看上 5~10 s。带小鹿的母鹿在发觉情况异常后多鸣叫告急，但在危险离母鹿太近时，母鹿有时也会不顾

小鹿而独自逃走，所以有人说鹿的"母性"不够强。其实，这是与它们的生理特征——无攻击性有关的。这也许是梅花鹿得以繁衍至今的原因之一。

　　每天清晨和黄昏时分是梅花鹿的采食高峰期，成群的梅花鹿在林间草地和林缘采食，采食后都要卧地对吃进去的食物进行反刍。梅花鹿采食的植物种类很多，野生东北梅花鹿最喜欢吃鲜嫩的禾本科草、山楂叶、桦树叶以及豆科植物胡枝子、三叶草等。无机盐是有蹄类动物必需的营养成分。为了补充盐分，梅花鹿会舔食含有盐分的泥土。利用梅花鹿喜欢舔盐的特性，猎人常常在地下埋盐，诱使梅花鹿来舔盐，再对它们进行抓捕。

　　目前我国境内的野生梅花鹿有 6 个亚种，东北亚种分布在东北林区及朝鲜半岛和西伯利亚东部。由于森林遭到大面积砍伐，梅花鹿的生境遭到严重破坏，更由于梅花鹿有珍贵的鹿茸和重要的经济价值，它们成为被猎杀的主要对象。鹿茸及鹿产品的应用有着悠久历史，历代文献均有记载。梅花鹿的茸角称"花鹿茸"，在药材中又被称为"黄茸"，在各种鹿茸中售价最高。长期以来，梅花鹿的种群数量不断减少，梅花鹿被国际自然与自然资源保护联盟编写的红皮书列为濒危物种，也是我国的一级重点保护动物。

麝香制造者——原麝

　　麝是偶蹄目麝科的小型反刍动物，原麝又名香獐、麝鹿，雄麝分泌的外激素——麝香是名贵的中药材和香料，麝也因此成为具有较高经济价值的物种。麝是欧亚大陆的特有类群，美洲、大洋洲和非洲各大陆是见不到麝的踪迹的。全世界有 5 种麝：原麝、林麝、马麝、黑麝和喜马拉雅麝。5 种麝在中国都有分布，并且中国是主要分布区。中国原麝分布于东北区大兴安岭亚区和长白山地亚区、华北区，以及黄土高原亚区。根据麝的化石资料，我国的麝化石最早见于中新世—上新世内蒙古化德和云南禄丰。原麝的化石始于中更新世，在东北、华北、华中和华南均有发现。中国很有可能是麝的起源地。

原麝有较严格的栖息生境，一般分布在高海拔林区。原麝体长约 80 cm，重 8～13 kg，雌雄均无角，雄性有獠牙。原麝每天有两个活动高峰，清晨和傍晚，多在各自的居住地内沿着一定的路线行走、采食，可称为典型的晨昏活动类型。每头麝都有相对稳定的活动区，受惊后暂时逃离栖息地，不久又会返回原地。原麝全年躺卧的时间最多，冬季明显增加，多在隐蔽的密林、干燥而温暖的地方休息。它们可进食的植物不下数百种，主要是地衣、石蕊及灌木枝叶。

麝香在医药工业和香料工业中有着传统的不可替代的价值，雄麝所产麝香是名贵的中药材。从古至今麝香被中医视为药材中的珍品，主要用于中风、惊厥、昏迷等的治疗，对中枢神经系统，特别是对呼吸运动中枢及血管收缩中枢有较强的作用，在西医中则被用作强心剂和兴奋剂。近年来，麝香还被用于乳腺癌、子宫癌和直肠癌等的治疗，疗效亦佳。

麝香也是名贵的天然高级香料，在日用化学工业中麝香被用作高级香水、香粉及糖果烟酒的定香剂，麝香与龙涎香、河狸香、灵猫香合称为四大动物香料，且麝香因其香味浓厚、长久不散，位于四大香料之首。

原麝在生态系统中占有重要的地位，然而，由于麝香价格昂贵，麝成为人们猎捕的对象。对森林的长期过度采伐和火灾等自然灾害，使原麝栖息地生境面积不断缩小，原麝种群数量急剧下降。原麝现已成为我国一级重点保护动物。

拱地高手——野猪

　　猪科动物是现存偶蹄目中食性最杂的一类，它们适应力很强，可以生活在多种环境中。野猪在我国包括7个亚种，分布于辽宁省的野猪属东北亚种。东北亚种的野猪体形较大，体重可达300 kg，最大的体长接近2 m。野猪身上的鬃毛具有类似毛衣那样的功能。到了夏天，它们就把一部分鬃毛脱掉来降温，冬天又重新长出来保暖，这也是无论是温带地区还是热带地区都有野猪踪迹的原因。

　　野猪是与森林关系非常密切的最常见的大型兽类，是东北虎、远东豹等大型肉食性动物所喜欢的猎物，也是森林的耕耘者和掘土能手。野猪活动非常灵活，力气很大，嗅觉灵敏，能嗅到埋在地下的食物。它们鼻吻部较长而且肌肉发达，能挖出埋在地下的真菌、植物块茎等，所以野猪能吃到其他动物吃不到的食物。野猪听力很好，能及时发现敌害。它们还很勤快，全天都可活动找食，傍晚和黎明的活动尤为频繁。

　　家猪与野猪在形体特征上有什么差别呢？野猪因觅食、拱土和搏斗的需要，鼻吻部较长；头部大而直立，头部的比例占体长的1/3甚至更长；四腿长而瘦，善于奔跑。雄性野猪有尖利的獠牙，长度可达20 cm，突出唇外，能帮助其御敌。发威时粗硬的鬃毛竖立，皮肤粗糙、较厚，经常在松树上蹭痒痒或在泥土里滚来滚去，体毛常粘着厚厚的松树油脂或泥土，可防御蚊虫的叮咬。

　　野猪最大的本领就是能用嘴巴不停地挖掘土地，练就了厉害的"嘴上功夫"。在冬季的长白山地区，野猪挖掘地表，食用那些成熟的草根或地表种子，这会影响下层林木中植物的生长、分布和密度。野猪的挖掘过程一方面损伤了更新苗木，另一方面疏松土壤和枯枝落叶层，有利于土壤中的种子发芽。野猪的活动改变了草本、灌木及枯枝落叶等的覆盖度，同时能改变光照条件、土壤微环境等，可能对不同树种的更新有抑制或促进的双重作用。

从气候条件来说，野猪是相对适应能力最强的一种哺乳动物。冬季的长白山森林雪深可达 40 ~ 60 cm，这个时候野猪靠强有力的身体在雪地上开出通道，为其他邻居们创造了行动便利的条件，如紫貂、黄鼬、狍子等利用野猪践踏过的路线能够非常轻松地在雪地上移动。野猪在取食过程中把厚厚的雪层清理后，暴露的地面给一些鸟类提供了获得种子、昆虫等食物的机会，其他动物如狍子、马鹿及小型哺乳动物在取食活动中也能从中获得好处。因此，野猪可以说是林海雪原里的"活雷锋"。

每年大雪或极端气候条件下，有些经不起寒冷、食物不足或疾病等难关考验的野猪个体会死亡。这些死亡个体会被熊类、紫貂、秃鹫、乌鸦等动物享用，留下的野猪毛又被森林鸟类用作筑巢的材料。这样野猪的整个躯体就完全贡献给了大自然的物质和能量循环。

最大的猫科动物—东北虎

较大的东北虎的体长超过 3 m，体重超过 300 kg，这使它们成了地球上最大的猫科动物。如今，野生东北虎的数量已经不足 500 只，其中大约有 400 只就藏身在俄罗斯茂密的白桦林中，其他东北虎则散布在中

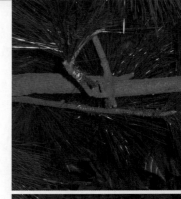

国东北和朝鲜北部地区。

东北虎的栖息环境显然比其他老虎的栖息地更加寒冷。在这里，温度最低可以达到 −40 ℃。还好，东北虎已经进化出了非同寻常的应对策略，巨大的脚爪可以防止它们陷入积雪。当天气变暖之后，巨大的条纹为它们提供了完美的伪装。随着季节的更替，东北虎换上了一身浅橙色的服装，这使它们得以和森林环境融为一体。冬季，腹部和胸部的白色皮毛既有助于它们掩藏身形，还能帮助它们有效保持体温。

与苏门答腊虎和孟加拉虎相比，东北虎的毛发更长，也更厚。事实上，对于要在雪地生活近 8 个月的东北虎来说，这些都是生存的法宝。皮毛的适应性改变为它们捕猎提供了绝佳的保护色，它们可以从猎物的侧面或者后面发动突然袭击。凭借强劲的后腿蹬力，它们可以一跃跳出将近 6 m，直接跃至猎物的上方。虽然东北虎拥有所有陆地食肉动物中最大的犬齿，但它们捕猎的成功率只有 10%。它们每餐可以吃掉超过 27 kg 的肉。它们的舌头上覆盖着一些小钩状的突起，有助于它们从骨头上切割肉片。东北虎并没有固定的捕猎时间，虽然算不上夜行动物，但晚上表现得更机警，也更加活跃。东北虎的夜视能力比人类高出了 6 倍，所以它们能够在晚上伏击猎物。7.5 cm 长的巨大犬齿能够刺穿猎物的主动脉，切断其脊髓；同时，强有力的下颚轻易就能压碎猎物的气管。

东北虎虽然没有天敌，但人类的侵入却将这种大型捕猎者的生活推入了困境。由于伐木和人类聚居地的扩展而减少的森林就高达数百万亩，而这些原本都是东北虎的捕猎场，仅存的东北虎也大多都丧生在偷猎者的枪下。

最稀有的猫科动物——猞猁

猞猁是世界上最稀有、最美丽的猫科动物，主要生活在高寒地区。在我国，猞猁分布于新疆、西藏、青海、甘肃、内蒙古、河北的山区，是国家二级重点保护野生动物。

猞猁体形似猫却远大于猫，但尾巴的长度却远不及虎、豹和猫，它们身体粗壮，四肢粗长而矫健；耳基部宽，耳端竖立的簇毛为这种凶猛的肉食动物增添了一丝可爱。这些簇毛有收集声波的作用，能帮助猞猁发现周围的风吹草动。猞猁的足垫布满长而密的毛，既保暖，又不容易留下梅花足印。

猞猁是一种离群独居、孤身活跃在广阔空间里的野生动物，是没有固定窝巢的夜间猎手。白天，它们可以躺在岩石上晒太阳，或者为了躲避风雨，静静地躲在大树下。它们既可以在数公顷的地域里孤身蛰居几天不动，也可以连续跑出十几千米而不停歇。它们擅于攀爬及游泳，耐饥饿性强，不畏严寒，一般于晨昏活动。

猞猁喜欢沿着河流、人行小道移动，因为其猎物如狍子、原麝、高山鼠兔等常在河边出现。在很多地方，猞猁的数量会随着野兔数量的增减而上下波动。猞猁是伏击型的捕食者。它们埋伏在猎物经常出现的地方，借助树根、大石头等做掩体，等候猎物靠近。猞猁耐性极好，能在一个地方静静地守候几个昼夜。猞猁虽然独居，但集体围捕大型猎物时，它们也会家族作战。有人拍摄过 3 头猞猁合作围捕狍子的画面。猞猁非常警惕，双眼时刻观察四周的动静，耳朵经常转动，以聆听周边的声音。它们的听觉非常发达，能够听到数十米外鼠类活动的声音，捕鼠能力超强。猞猁拥有出色的爬树本领，它们甚至能在大树间来回跳跃，所以能捕食树上的鸟类。尤其是在夜间，当林中一片寂静，栖居在树上的鸟类休息后，猞猁便伸出利爪得心应手地抓捕猎物。在自然界中，虎、豹、熊等大型动物都是猞猁的天敌。

猞猁曾在欧亚大陆由东至西的大部分森林、灌丛和岩石地带快乐地生活，后来人类活动、森林面积破碎化和缩小、城市化逐渐加剧导致它们的栖息地越来越少，到了 19 世纪，猞猁已经在欧洲许多国家消失踪迹。直到 20 世纪 70 年代，人们才开始意识到应该恢复这个物种的种群。在欧洲的部分国家，如德国、瑞士、法国和奥地利，都将猞猁重新引入，以帮助它们恢复种群数量。我国把猞猁列为国家二级重点保护野生动物。希望在未来，它们的种群能够得到良好恢复，长久地生活在地球这个美丽的家园。

山林之舟——驯鹿

驯鹿又名"角鹿"。在现存的鹿类当中，雄驯鹿的茸角是第二长的，仅次于驼鹿。它们性情极其温驯，因此得名驯鹿。驯鹿是环北极分布的动物，在中国分布于大兴安岭东北部林区。中国驯鹿体色分灰褐色、花白色、纯白色3种，且具有"三白二黑"的特点，即四肢内侧、腹部、尾内侧为白色，鼻梁、眼圈为黑色。

在森林、草原、山地、泥泞地、冰冻地等交通不便之处，驯鹿也可以用于运输，一头驯鹿可拉载30～40 kg的物品，日行数千米，享有"山林之舟"的美誉。受过训练的驯鹿能拉雪橇，所以西方圣诞老人的形象是驾驭着驯鹿雪橇为孩子们送去圣诞礼物的。驯鹿的蹄子宽大而有弹性，是鹿类中最大的，像雪鞋一样承载了全身的重量；而且在蹄子周围长有许多

特殊的刚毛，这些密度很大的刚毛在蹄子周围形成紧密的毛刷，使驯鹿在雪地、沼泽地及松软的苔藓上行走时，四蹄着地面积大为增加，减轻了单位面积其身体的负荷重量。加之驯鹿脚关节灵活、韧带轻松，行进中的驯鹿蹄就像上了发条后自摆的钟坠，能量消耗极小。因此，驯鹿可以很好地适应在雪地、冰面和崎岖不平的道路上行走。此外，驯鹿蹄子还能像铲子一样翻找食物。大多数驯鹿在行走时发出"咔嗒"声，这样小鹿可以循着声音紧跟在母鹿的后面。

驯鹿的毛是空心的，能把空气拢住，就像舒适的保暖外衣，即使在 -40℃，它们也没有挨冻之忧；甚至它们鼻子的结构也很特殊，吸气的时候能把冷空气变暖，呼气的时候能够保持住热量。驯鹿属于草食性动物，经常吃的是森林中的苔藓植物、地衣，特别是石蕊。苔藓植物含有较高浓度的不饱和脂肪酸尤其是花生四烯酸，可以提高动物的御寒能力，因而成为驯鹿主要的越冬食物。它们的嗅觉非常敏锐，能够闻到隐藏在几米厚积雪以下的植物。此外驯鹿还是唯一一种可以看见紫外光的哺乳动物。在北极，很多物体在一般可见光下容易与其他景观融为一体，但在紫外光下就会有显著不同。这项能力有助于驯鹿更好地在北极生存。

近年来，气候变化影响了迁徙的驯鹿，由于全球变暖，驯鹿迁徙时所需要通过的河流结冰时间推迟，导致驯鹿在等待期间食物不足。另外，工业生产干扰破坏了驯鹿的栖息地，特别是在驯鹿产仔期间，这样的干扰会让母鹿带领幼崽匆匆离开栖息地，导致小鹿面临生存危机；而且，驯鹿也需要森林来掩护自己不被天敌发现。人类的过度捕猎已经导致驯鹿种群数量急剧下降，它们的未来需要我们更多的关注。

体形健硕的大个头——棕熊

棕熊是世界上最大的食肉动物之一，体长一般为 2 m 多，体重达 540 kg。在我国境内，棕熊有 3 个亚种：东北亚种、青藏亚种和天山亚种。棕熊广泛分布于中亚和亚洲北部地区，栖息环境丰富多样，包括森林和开阔的旷野。之所以能在如此迥然各异的环境下生存，是因为它们从不挑食，什么都吃，以素食为主。有时，棕熊也会扮演"清道夫"的角色，吃动物的腐肉，但动物性食物不超过它一年总食量的 25%。棕熊食量很大，每

天要吃 10~20 kg 的食物。在蜜蜂大量出现的季节，它们会用梳子般的利爪来采食蜂蜜。棕熊靠后肢站立，从风中捕捉猎物的信息，通过异乎寻常的嗅觉，可以嗅到 1.5 km 之外的食物的味道。两个肩胛骨之间的强健肌肉赋予了前肢超强的力量，使它们能以 50 km/h 的速度奔跑，几乎可以和纯种的赛马相媲美。

为了争夺食物，棕熊之间经常会翻脸无情，大打出手，甚至会危及人类。棕熊在受伤或者受惊时可能会发动攻击。不过，它们在攻击前通常会有一些特殊行为。它们可能会发出低沉的咆哮，或者发动佯攻。如果入侵者忽视这些信息，结果将不堪设想。独居和孤僻是棕熊的天性，它们是一种很难接近、小心谨慎的动物。一年中棕熊有 60% 的时间待在巢穴中。秋天，棕熊会很细心地寻觅过冬的巢穴。冬眠时，棕熊的血液循环和呼吸系统会减缓到仅能维持生命的最低限度，每分钟心跳从 40 次左右降到 8 次左右。在寒冷的地方，棕熊从 10 月份开始，直至第二年 5 月份进入长达 7 个月的冬眠期。棕熊冬眠期间，不是完全的休眠，只是"半睡眠"，它们的警戒性并没有降低，如果有人走近它们的巢穴，它们一定会知道，不过只要不接近它们的隐蔽处，就不会受到它们的攻击。

水陆两栖物种的代表——水獭

　　有些物种既能在陆地上繁衍后代，又能在水中觅食和活动，它们能够适应陆地和水中两种生境，人们把这类物种称为水陆两栖动物，水獭就是代表性的物种之一。水獭是一种非常适应水栖生活的食肉类动物。它们的身体细长，尾巴强而有力，适合游泳，能在水中潜伏几分钟以上，毛皮细密，触须高度发达，外耳缩小，趾间有明显的蹼。水獭在陆地上行进的时候，身子向上拱起，前腿和后腿移动的频率很快。水獭作为淡水生态系统中的顶级捕食者，是水陆两栖物种的代表，对环境具有较高的敏感性，对当地的淡水生态系统及生态功能调节发挥着不可替代的作用，是陆地淡水生态系统的指示物种。

　　水獭一般栖息于有河流或者森林的林地边缘。这些小家伙们在白天较为活跃。小水獭出生于河堤边的地洞里，在出生后的8个月里，母水獭会照料它们的生活。水獭曾因性情暴躁而被西班牙人称为"河中之狼"。但脾气不好的水獭却在家族生活中扮演着模范夫妻的角色。夫妻相伴，一家和睦，其乐融融。水獭是社会化动物，生活在关系密切的种群里，成年的水獭终生相伴，和它们的后代共享自己的家园。它们每天花费大量的时间梳理皮毛，水獭会向水中散发热量，它们必须梳理好皮毛，以保持能量。水獭的巢穴位于水位线以上，它们的游泳技术非常娴熟，长着带蹼的脚掌和桨一样的尾巴，在深水里它们通力合作，寻找鱼群，可在浅水中，它们就可以自由地发挥了。水獭游泳的速度非常快，这会消耗大量的能量，它们每天需要吃 4 kg 左右的鱼。水獭辨别方向的能力很强，喜欢栖息在鱼多的河里。水獭在一个地方把鱼吃光之后，就要沿河往上游或下游转移，转移时总是从岸上走。

人类逐渐占据了水獭生活的河流和森林，水獭本身也难以幸免于难，皮货贸易使它们的数量剧减。一直以来，水獭都是国际关注的濒危动物，自20 世纪 50 年代以来，水獭的分布面积和数量急剧下降，部分地区种群濒临灭绝。

最大的鹿科动物——驼鹿

驼鹿是鹿科动物中个体最大的物种。分布于亚洲的雄性驼鹿体重在200 ~ 300 kg，身高 2 ~ 2.3 m，脸长颈短，无论雌雄，喉下都生有肉柱，长有很多下垂的毛。巨大的鹿角是雄鹿的标志。与其他鹿类不同，驼鹿角形状多呈手掌状。每年 11—12 月旧角自行脱落，长出新角。虽然长着巨大的角和身体，但驼鹿仍然能以 55 km/h 的速度奔跑，并以 10 km/h 的速度持续游泳。驼鹿是寒温带动物群的典型代表，栖息环境随季节的变化有所不同。

驼鹿是食草动物，并且一直生活在水边，因为溪流或者湖泊的水可以帮它们把身上的苍蝇赶走。由于驼鹿颈短腿长，所以要吃到地面上的食物，必须将腿叉开。冬季雪深达 60 cm 时，驼鹿仍能自由走动。驼鹿还特别喜欢舔食盐碱，常到盐碱地或碱场啃食碱土。

自然界中驼鹿的天敌主要是狼和棕熊，在北美森林中，驼鹿是狼的主要食物来源。由于驼鹿奔跑速度很快，狼群往往采用轮番追击的"疲劳战术"以消耗驼鹿体力直到其筋疲力尽为止。驼鹿每年换一次毛，一般在 4—5 月脱落冬毛。驼鹿环北极分布，在欧亚大陆和北美有较大数量的种群，在中国主要分布在大、小兴安岭地区。1962 年，驼鹿被确定为国家二级保护动物，但随后并没有明确的针对性保护计划。由于森林不断遭到砍伐，加上捕猎等因素，驼鹿的种群数量在中国日趋下降。

强者生存之道——狼

狼的外形和狼狗相似，但嘴吻略尖长，口稍宽阔，耳朵竖立着，常见的有灰、黄两种毛色。狼是群居性极强的物种，狼群有极为严格的等级制度。狼群的数量大约在 6 ~ 12 只之间，在冬天寒冷的时候，最多可达到 50 只以上。通常以家庭为单位的狼群由一对具有优势力量的夫妻领导，而以兄弟姐妹为单位的狼群则以身体最强的一只狼为领导。狼群有领地意识，而且彼此之间的领域范围不会重叠。

狼喜欢在人类干扰少、食物丰富、有一定隐蔽条件的环境中生存。在中国，狼主要分布在内蒙古、新疆及西藏等人口密度较小的地区。狼的适应性很强，可以在草原、森林、荒漠及农田等多种环境中生存，高海拔地区也有狼的足迹。狼追捕猎物都是靠集体的力量。狼群在狼王的带领下，首先锁定猎物，然后跟踪观察，找准时机，迅速发动进攻。狼群中有密切的分工合作，身强力壮的公狼是进攻时的主力。追捕大中型猎物时，一般是几只狼合作，轮流追赶，直至拖垮猎物，最后狼群蜂拥而上，分而食之。

幼狼在春天出生，那时候它们只是一团团毛茸茸的小肉球，在头三个月里，每一只幼狼都会受到家族成员们全心全意的照顾和呵护，但是，竞争已经从这个时候开始了。每当狼群捕猎归来，身体强壮的幼狼总是摇摆着小尾巴第一个冲向父母舔舐它们的嘴巴，讨要食物，因为只有尽可能地多吃，才能增加活下来的机会。幼狼稍大一点，就离开洞穴，在青草茂盛的山坡上疯跑、摔跤，追逐打闹。这时候，那些强壮、自信、勇敢的幼狼便开始逐渐崭露头角……这些幼狼凭借自己的努力获得了成年狼的喜爱和认可，同时，也就奠定了自己长大后在狼群中的地位。

狼的寿命大约是12年，但是大部分狼都活不到这个年龄，一窝幼狼出生的时候有4～6只，只有不到一半能够活到成年，成年狼通常又会在生命最强盛的壮年死于狩猎、严寒与饥饿。它们从一出生起，无论食物、生存的机会，还是在群体中的等级、地位，都是靠自己努力争取得来的。狼目前的生存环境不容乐观。人们对狼有着根深蒂固的偏见，所以狼的日子一直不好过，虽然它们尽量选择在远离人类的地方居住，但是仍旧免不了被追捕和猎杀的命运。在我国，1940年以前，大部分省份都有狼的足迹，可到了现在，除了东北、西北和西南少数几个省、自治区之外，其他地区已经看不到狼的踪影。

跳远健将——狍子

狍子又称狍鹿、野羊，属鹿科偶蹄反刍动物，在我国有东北、西北、天

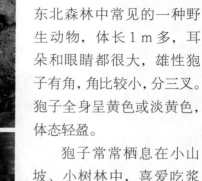

山 3 个亚种之分。狍子是东北森林中常见的一种野生动物，体长 1 m 多，耳朵和眼睛都很大，雄性狍子有角，角比较小，分三叉。狍子全身呈黄色或淡黄色，体态轻盈。

狍子常常栖息在小山坡、小树林中，喜爱吃浆果和野草。狍子是动物王国的跳远健将，它们只要后腿一纵，就能跳出一丈远。它们每当遇到天敌时，几个纵跳便逃之夭夭。狍子不但不避人，而且生性好奇，在什么地方受惊后，总放心不下，还要回到原地去看个究竟。

狍子可以说全身是宝，目前已经被人们驯化。它们的皮毛珍贵，狍茸能增强记忆力、提高免疫力，对人的神经、心脑血管系统有调节作用。

有人偶然发现有一群狍子在吞食泥土。这是怎么回事呢？狍子怎么会像猪一样拱泥土呢？原来，它们吞食的是一种叫沸石的矿物质，沸石可以清除狍子体内的有害物质，净化其内脏，促进其自身的生长发育。每逢秋季，狍群都会拖儿带女地在树下寻找蘑菇吃，因为蘑菇有健胃、整肠的功能，可以帮助其消化食物。更有趣的是狍子还是高明的外科医生呢！有位老森林工人亲眼见到一只摔伤腿骨的狍子来到河边，用嘴含一些软泥巴往伤腿上涂，泥巴干了再换湿的。若是雌狍受了伤，雄狍都会争先恐后地大献殷勤，非常热心地为雌狍疗伤。

名鼠不是鼠——鼹鼠

鼹鼠是食虫目的小型哺乳动物。在鼹鼠家族中，有20种外形各异的"兄弟姐妹"，它们生活在欧洲、亚洲和北美洲。在我国生活着10种鼹鼠，东部和西南地区常能看到它们的身影。

鼹鼠和田鼠、老鼠是亲戚吗？其实这三位连总目都不同，老鼠、田鼠这些鼠类属于灵长总目啮齿目，和鼹鼠隔得很远，鼹鼠并不是鼠，名字里带个"鼠"字，大概是因为长得有一点像仓鼠科的田鼠吧。鼹鼠的个头很小，身长一般不超过18 cm，大小如同常见的家鼠。

大多数鼹鼠都喜欢生活在地下，它们的头盖骨扁而平，适合挤压和搬运泥土；吻部尖尖的，前面长着由软骨构成的坚韧的鼻子；颈部短粗，肌肉却十分发达，这样有助于它们在地道中支撑起头部。鼹鼠的前肢非常发达，前

爪又宽又扁，就像随身携带两把强有力的大铲子。每只前爪上长有5根"手指"，每根"手指"顶端还长有额外的一节镰刀形的"前指"，是刨土的好工具，挖起泥土来很是方便。与多数哺乳动物的脚爪不同，鼹鼠的脚爪是向外生长的。毫无疑问，这样的结构也是为了更好地挖掘洞穴。大手大脚、圆滚滚的鼹鼠拥有天鹅绒一般的皮毛，而且这些毛是"无毛向"的。也就是说，鼹鼠的毛不像小猫小狗的毛那样固定地朝着一个方向生长。光滑而无毛向的皮毛可以减小摩擦力，能让鼹鼠在洞穴中钻来钻去，自由地进退。

鼹鼠是穴居动物。为了建造自己在地下的小窝，鼹鼠会根据各自不同的需要，"设计建造"出两种形式的洞穴。一种是永久性的生活住所，这种洞穴通常位于茂密的植物区，是一个大约半米深的宽敞的巢穴，里面铺着枯树叶、杂草、苔藓等，柔软又暖和。另一种是它们为了捕捉食物而挖掘的地下通道，这种秘密地道以它们居住的巢穴为中心向四面八方扩散，环形地道和许多垂直地道相互连通，就像是地下城市中的马路一般。

值得一提的是，这些出色的"建筑师"虽然平时各自独立生活，但却会共用一个庞大而复杂的洞穴系统。

因为生活在暗无天日的地下，所以鼹鼠视觉退化，眼睛变得很小，隐藏在毛中，乍一看去好像是没长眼睛的小动物。但它们的嗅觉十分灵敏，不仅可以在短短的5 s内发现食物，而且还能准确定位出食物的位置。

鼹鼠最爱吃的食物是蚯蚓，也吃其他小动物，比如昆虫、蜗牛等，当然也吃一些种子和坚果。鼹鼠挖坑道时，蚯蚓等食物就会纷纷掉下来，它们就趁机吃个饱。鼹鼠个子不大，食量却很大，因为它们的新陈代谢很快，每天需要吃相当于自己体重的一半甚至更多的食物。

有人说鼹鼠在挖洞的过程中可能会破坏植物根系，造成农作物死亡，所以是有害的动物。实际上正好相反，鼹鼠的活动会疏松土壤，能让植物根系更好地呼吸。但它们并不会吃农作物的根。

　　鼹鼠没有冬眠的习惯，为了度过食物短缺的寒冬，它们常常要挖掘较深的穴道以贮藏食物。有些种类的鼹鼠，唾液中含有麻痹猎物的毒素，这样就能轻松地将动弹不得的"鲜活"猎物带走并且储存起来，等以后慢慢享用。而没有毒素的鼹鼠则常常把猎物的头咬下来，再将猎物的身体储存起来当存粮，这是因为失去头部的昆虫和蚯蚓仍然可以短期存活。

第三节 非洲大陆篇
FEIZHOUDALUPIAN

在东半球的西南部，有一块生机蓬勃的大陆，广袤的土地上藏匿着奇异的土著部落，繁衍着珍奇独特的物种，是地球上最大的动物之家，这就是面积和人口仅次于亚洲的世界第二大洲——非洲。

欢迎来到"神奇的非洲肯尼斯·贝林展厅"，展厅共有标本119件，其中79件是由世界轮椅基金会主席肯尼斯·贝林先生捐赠的，20余件是世界级濒危珍稀动物标本。1000平方米的展厅里采用生态景观展示方式，展现了非洲最具典型的热带雨林、稀树草原和沙漠，将呈现给您非洲最真实、最具代表性的自然生态。

超级生态系统——热带雨林

在地球上的生态环境中，热带雨林里生存的生物最多，也是最具神秘色彩的生态系统，属于超级生态系统。这种生态系统只能在降雨量和热量都很充足的地方才能形成，那么什么地方最符合条件呢？答案是赤道附近。因为赤道是阳光垂直照射的地方，是地球上接受太阳热量最多的地方。这儿不仅最热，还最湿润，因为这里有地球上最强大的上升气流，这些上升气流中的水汽在高空遇冷就会形成降雨。因此，地球三大著名的热带雨林：亚马孙、刚果和东南亚热带雨林，都环绕在赤道周围。

图中模拟的是地球上第二大雨林——位于非洲中部的刚果雨林。这里全年高温炎热，雨水充沛，没有明显的季节区分，植被茂密，生物种类异常繁多。雨林的植被通常有3~5层，树木要生存，就必须获得阳光，它们之间不断相互挤压着，奋力朝光线充足的地方生长，上层的乔木大多超过30 m，像一把把撑起的大伞，它们大多是典型的热带常绿树和阔叶树，有粗壮发达的根系。

虽然树冠上方茂密，但仍有光线透下来，在乔木层下，木质的藤本植物

和附生植物非常发达，叶面常会附生许多苔藓和地衣，林下还有许多蕨类和草本植物。参天的大树，缠绕的藤蔓，繁茂的花草，它们共同构筑起热带雨林中一座座绿色的迷宫。

热带雨林是人类最宝贵的资源之一，茂密的雨林植被拥有超强的净化空气的能力，被誉为"地球之肺"。树木利用阳光生长的同时，也向空气中释放出大量的氧气和水蒸气，大约95%的降雨都源自森林自身蒸发的水分，雨林可以影响它上空的气候。

地球上最大的兽群家园——稀树草原

非洲稀树草原是一片辽阔的大地，这里是地球上最大的兽群家园。稀树

草原是由一些巨变创造出的新景象，从地球上空观察，非洲主要被大片的沙漠和雨林占据，这两种极端不同的地貌中间夹着一条由草丛与干旱林地覆盖的地段——稀树草原。稀树草原的变化无常非同一般，短短数年间，零星的几棵树就可能长成茂密的林地，也可能全部消失，只留下草丛。稀树草原上生灵的命运是由天气掌控的，每年稀树草原上都有旱季和雨季，没有任何两年的情况是完全相同的。在非洲所有的自然环境中，稀树草原的天气是变化最快、最难以预测的。

非洲稀树草原是地球上最大的兽群家园，为什么稀树草原生活着种类繁多的野生动物，如长颈鹿、非洲野水牛、斑马等，它们都吃植物，却看不到它们为草木而争斗呢？这是因为不同种类的食草动物喜欢吃的草木部位不同：长颈鹿吃金合欢顶端的嫩叶；非洲象能吃到离地面很高处的树叶和树皮；

长颈羚用后足站立，吃大树中间部位的叶片；黑犀吃低矮处的树叶和芽；白犀吃地面生长旺盛的草；斑马吃草的前端；羚羊吃草的后半部分；角马吃带叶子的茎；犬羚吃灌木丛低处的树叶；疣猪吃地面的草和根。大家各取所需，互不干扰。

见血封喉——箭毒木

在枪炮出现之前，猎人想要增加弓箭的威力，会怎么做呢？他们会在箭头上涂抹各种毒药，而在所有毒药中，箭毒木的汁液最为致命。这种汁液随着伤口进入人或者动物的体内，几秒钟之内就会令伤者倒地死亡，于是箭毒木成了最厉害的箭头毒药。

箭毒木又叫见血封喉，属于濒危植物，也是国家二级保护植物，生长在海拔 1500 m 以下的雨林中，高 25~40 m，长有巨大的板状根，秋天会结出红色的果实，并在第二年春天发芽成苗。

箭毒木是如何成为最毒树木的呢？它们的毒汁

流量大，不但是树干，凡是掰开树叶、枝条，都能够流出黏稠的白色毒液。有研究人员做过实验，将 1mL 箭毒木的汁液注入兔子体内，兔子 60 s 发生了严重的心率失常，不到 120 s 心脏就停止了跳动。原来，箭毒木汁液通过伤口进入血液，再通过血液循环流进心脏，就会造成急速心梗，从而导致动物死亡。

今天，在现代科学技术的帮助下，我们已经知道箭毒木的毒汁主要成分是强心苷，如果控制在一定剂量之内，反而会起到强心的作用，致命的毒药就能变成救人于生死之际的神奇良药。见血封喉是大自然赋予我们的奇妙生灵，怎么样留下它们和自然界其他神奇的动植物，无疑成为眼下我们最重要的任务。

长颈鹿的首选餐谱——金合欢

马赛马拉大草原上有 5 种金合欢树，高矮不同，形色各异。树形高大的是长颈鹿餐谱中的首选，特别是在旱季，其他的叶子都开始变得枯黄、掉落，而金合欢树却有独特的储水方法。金合欢树可以在干旱的季节生长，因为它们的叶片很小，在白天也不容易失去水分；晚上到来时，为了防止水分蒸发流失，它们的叶片会合拢收缩，到了白天再重新张开，所以金合欢的叶子特别鲜嫩多汁。

长颈鹿最爱吃金合欢的叶子，金合欢因为长颈鹿的存在而不断自我更新、优化。大草原上，大群羚羊、角马、斑马几乎吃光了草原上的草，优雅大度的长颈鹿为了避免激烈的竞争，选择了向高层次发展，充分利用自己身高脖子长的优势，挑中了金合欢树的叶子。金合欢树上，即使是一棵小小的树枝也会有很多的刺，刺长达 5～6 cm，摸上去既坚韧又尖锐，一不小心手就会被扎破，而且刺是 360 度全方位地生长，多角度、多层次的，这并不是一般动物能下得了口的。长颈鹿的舌头既细又长，可以从侧面灵巧地把小叶子卷住，把叶子从刺中剥离出来，它们舌头上有一层厚厚的皮质，可以免于其被刺伤。

尽管如此，金合欢树也不甘示弱，在面对长颈鹿这样强有力的对手时，也在不断寻找新的自救方法。一旦长颈鹿开始在一棵树上吃叶子，10 min 内这棵树就开始在叶子里分泌一种带有苦味的液体，动物吃了会有强烈的恶心感，于是不得不停止进食。金合欢树的这种特性会保护自身不受其他动物的破坏。然而聪明的长颈鹿也想出了新的对策，它们在一棵树上啃食叶子的时间从不超过 10 min，一旦尝出毒素的苦味，就会寻找下一棵树。为此金合欢树又有新的对策，草原上，很多树都是一棵一棵独立生长的，距离相对比较远，这样可以充分吸收有限的水分。但是金合欢树却不喜欢

这样独善其身，它们彼此距离比较紧密，动物啃食金合欢树树叶的时候，树叶会释放出一种毒素，这不仅仅是为了保护自己，同时也是为了释放一种警告的气味，向周围的同伴发出信号，50 m 开外的树都会收到这种警告，它们会立刻同时释放出毒素。长颈鹿也非常聪明，一旦发现口中的叶子开始变苦，就会逆着风向去吃那些还没有接收到信号的树的叶子。

尽管长颈鹿和金合欢树之间的"争斗"从未停止，但二者也在漫长的斗争中学会了和平相处、彼此相依，长颈鹿受金合欢树的吸引，当食用金合欢树叶的时候，也可以促进金合欢树的生长，因为长颈鹿会吃掉那些多余和干枯的叶子，帮助金合欢新叶子的成长。

人类的近亲——黑猩猩

你知道与我们人类最相近的亲戚是谁吗？是黑猩猩！大约在 600 万年前，有一只母猿产下了两个女儿，一只成了所有黑猩猩的祖先，另一只则成了所有人类的祖先。

黑猩猩家族是刚果雨林的王者，它们攀上爬下，在树枝间建立起自己独特的王国。黑猩猩喜欢吃植物的果实，它们对果实是否成熟非常挑剔，要一个一个地检查。

黑猩猩从很小的时候起就学会了到哪里去寻找这样的果树，长大以后对这些果树了如指掌，甚至事先就知道果实什么时候会成熟。

黑猩猩一多半的食物是植物的果实，但偶尔也会找些肉来吃，它们喜欢吃松脆多汁、富含蛋白质的白蚁。不过白蚁的巢穴坚固，而且受到攻击时会喷射蚁酸，黑猩猩就想出了一个绝妙的办法：使用工具把白蚁从巢穴里钓出来。黑猩猩先用手指把白蚁洞扩大，然后找到一根草杆或者细细的木棍，捅进白蚁的洞穴，当白蚁爬满草杆或者木棍后，再拿出来吃掉。它们还会轮番使用各种长度的木棍，去捣毁高悬在树上的蜂巢，蘸食蜂蜜。黑猩猩是不是很聪明呢？

奇特而珍贵的大鸟——犀鸟

　　果实对于动物的生存极其重要，动物在吞食植物果实的同时，也会帮助植物将种子传播到很远的地方。黑猩猩到处寻找果实充饥时，会随身携带着树木的种子；鸟儿吃果实的时候会把种子也一起吃下去，果肉在它们肠胃里被消化掉了，种子却具有抗消化能力，之后被排泄出来，在新的地方生根发芽。雨林里四分之一的树木是靠一种鸟来播撒种子的。这种鸟就是犀鸟。

　　犀鸟最奇特的是巨大而下弯的嘴，占了身体的1/3左右；而且在嘴的基部有一个铜盔状的突起，叫作盔突，就好像犀牛角一样，犀鸟因此得名。这么大的嘴巴会不会很重，影响飞行呢？其实啊，它们的嘴巴和盔突是疏松的骨质纤维，充满了空隙，非常轻巧、坚固，犀鸟采食浆果、捕食老鼠和昆虫、修建巢穴等都是由这张灵巧的大嘴完成的。它们在高大树干上的树洞做巢，雌鸟在洞内产卵，把树洞封起来，仅留下一个能伸出嘴尖的小洞，由雄鸟负责喂食。这样雌鸟在孵化期间就不用怕蛇、猴子等天敌来伤害，可以安心地孵化自己的小宝贝了。

　　文玩市场上最有名的三种物品都是动物制品，也正因为这个原因使这些野生动物的数量持续减少，它们就是"一红、二黑、三白"。"一红"是鹤顶红，不是毒药鹤顶红，而是盔犀鸟的头骨，盔犀鸟的头骨被残忍地取下，打磨抛光做成手串、雕刻摆件等；"二黑"是犀牛角；"三白"是象牙。没有买卖就没有杀害，保护野生动物，让我们从拒绝购买野生动物制品开始。

家族观念至上——狒狒

　　狒狒在灵长类中是唯一集大群营地栖生的，也是社群生活最为严密的动物，主要分布在非洲东北部和亚洲西部的阿拉伯地区。狒狒生活的环境比较差，大多在半荒漠地带，比如树木稀少的石头山上。狒狒爬山本领很高，崎岖陡峭的高岩也能飞快地爬上去，爬树更是平常的事了。

　　狒狒站立时身高 1.2 m 左右。狒狒身上的毛都是灰褐色，脸上没有毛，是淡淡的肉红色。尾巴细长，犬齿特别强大，既能咬坚硬多汁的植物的茎、叶和根，又善于咬捕捉到的昆虫和小动物。狒狒的手脚都很粗壮，长着黑色的毛，手和脚的拇指可对握，能灵活地用手抓起东西。狒狒通常几十只甚至几百只组成一个大群，由一只体格强壮的雄狒狒当头领。如遇敌人来犯，队伍就会立即调整，雄狒狒会首先挺身向前，排开迎敌的阵势，组成一道屏障，把体弱年幼的同伴与敌人隔开，然后勇敢地与强敌展开殊死搏斗。在这群无私无畏的狒狒面前，连猎豹这样的猛兽也只能"望狒兴叹"。

　　狒狒过着群居的生活，它们有着很强的家族观念和牢固长久的友谊，关系好的狒狒经常会彼此梳理毛发。这是它们最好的休闲娱乐方式，也有助于它们相互清除身上的寄生虫，保持身体健康。有一项研究表明，狒狒之间的这种行为有助于降低它们的心率，并且消除紧张的情绪。在一个群体中，毛发最油光顺亮的一定是狒狒王了。通常会有一群猫鼬为狒狒群体站岗放哨，因为猎食者的突袭总是出人意料。由于各种动物互相监视着周围的环境，所以猎食者很难在白天对它们发起进攻。雌狒狒每年只产一崽，因此十分疼爱自己的孩子。幼崽出生后，要在母

狒狒腹下度过一段日子，它们用四爪抓紧妈妈肚皮；待长大些，小狒狒骑在妈妈臀部，母狒狒将尾巴竖起，倚住小狒狒的背。雄狒狒会观察雌性臀部的颜色和形状的周期性变化，当臀部颜色突出、膨胀更明显的时候，雌性就处于排卵期的高峰阶段。狒狒社交活跃，会激烈争执、吵闹，也会很快平息，一切又照常进行。

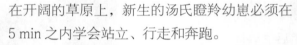

草原上的短跑亚军——汤氏瞪羚

　　汤氏瞪羚是体形类似于鹿的一种小型群居动物，种群非常庞大，主要分布于坦桑尼亚、肯尼亚、苏丹等地，是非洲国家马拉维的国兽。小型瞪羚体重 15~30 kg。

　　汤氏瞪羚是典型的食草动物，吃草本和灌木植物，需要每两天喝一次水，若在草原干旱季节，为了饮水有时每天需要行走 16 km。

　　汤氏瞪羚必须跟随羊群才能保证安全。刚出生的小瞪羚也不能掉队，在开阔的草原上，新生的汤氏瞪羚幼崽必须在 5 min 之内学会站立、行走和奔跑。

　　在广袤的非洲大草原，捕食者必须把握住每一次捕猎的机会。猎豹和瞪羚天生就是捕食与被捕食的关系，它们的行为深受两种本能的驱使，一个善于追逐，另一个善于逃跑。汤氏瞪羚是非洲草原上的短跑亚军，最高速度能够达到 90 km/h，令大部分捕食者望尘莫及。

迁徙主力——白尾牛羚

　　白尾牛羚总的形态像牛，体形粗壮，重300~400 kg，头大颈粗，四肢短粗，特别是前肢比后腿更强壮。但它们身体的某些部位又酷似羊类，比如隆起的吻鼻、大于臀高的肩、短小的尾巴，而且从头骨、四肢骨及驱干骨来看，它们绝大部分像羊，甚至内脏及生殖系统也像羊。在生物化学测定方面，牛羚与羊也有较近的亲缘关系。

　　白尾牛羚主要吃草、树叶及花蕾，所食植物种类多达百种，因此具有多方面的营养。食物中有些是天然的中草药，有止泻驱虫的功能，能帮助白尾牛羚抵御疾病。它们还喜爱舐食岩盐、硝盐或喝盐水以满足自身的需要，因此林中含盐较多的地方常是白尾牛羚的集聚点。

　　白尾牛羚一般在白天活动。目前白尾牛羚的数量少得可怜，仅有3000头左右。

动物界短跑冠军——猎豹

  非洲猎豹是世界上最稀少的猫科动物之一，野生非洲猎豹的数量已经不足1.3万只。猎豹是速度与优雅的象征。它们拥有为了速度而生的修长身体和四肢，它们可以在3 s之内从静止加速到80 km/h，最高速度能达到130 km/h，但力量并非它们所擅长，它们缺少防御攻击者的利器，遇到威胁时通常是走为上策。猎豹面临的危险很多：狮子的威胁如影随形，美洲豹偶尔也会把猎豹当作目标，其他猎豹也是威胁。成年雄性猎豹有时会组成阵容强大的团队，与身处同一地区的同类相抗衡。

  猎豹的视觉十分敏锐，在晴朗的白天能看到4 km之外的猎物。猎豹全身都有黑色的斑点，从嘴角到眼角有一道黑色的条纹，这两道条纹有利于吸收阳光，从而使视野更加开阔。猎豹的爪子有些类似狗爪，因此它们不能像其他猫科动物一样把爪子完全收回肉垫里，而是只能收回一半。它们腿长，身体瘦，脊椎骨十分柔软，容易弯曲，像一根大弹簧一样，跑起来的时候前肢后肢都用力，身体也在奔跑中一起一伏；在急转弯时，大尾巴可以帮助它们起到平衡的作用。这些身体的特殊结构使猎豹成为动物界的短跑冠军。

但高速追猎带来的后果是能量的高度损耗。一只猎豹连续追猎5次不成功或者猎物被抢走，就有可能被饿死，因为它再也没有力气捕猎了。

适应力最强的猫科动物——花豹

花豹喜欢独来独往，行动非常隐秘，悄无声息，很少为人所见。在所有猫科动物中，花豹的适应性是最强的，可捕食的动物有90多种。花豹善于伪装，总是默默跟踪猎物，这些"健美运动员"并不像猎豹一样是短跑能手。

和大多数猫科动物一样，花豹喜欢伏击敌人。花豹惊人地强壮，它们的爪子像钩子一样弯着，像刀一样锋利。有了这样的爪子，它们就可以将猎物拖倒，或者把自己挂在猎物身上。不过花豹捕猎并不容易，十次有七次左右都毫无收获，即使捉到了猎物，狮子和鬣狗还可能过来把猎物抢走，花豹一般不会反击，因为如果在打斗中受伤了，就没有办法继续捕猎了。

虽然花豹擅长游泳，但是一般情况下，它们不喜欢弄湿自己的爪子。树就像花豹自己的家，花豹每天差不多有18个小时都待在树上，它们在树上睡觉、藏身、站岗放哨，还用树来做储藏间，因为狮子和鬣狗不会爬树，没法上来偷走食物。花豹的身体十分强壮，它们可以把斑马搬上10 m高的树，这是它们重要的生存

策略。

人们通常容易将花豹和猎豹或者美洲豹混为一谈，其实仔细观察一下就能发现它们的区别：猎豹的脸上有黑色的条纹，身上是实心的黑色斑点；美洲豹看起来很像花豹，但是它们身上的斑点看起来像朵花，中间还有一个点；花豹身上的斑点要小得多，中间也没有点。花豹身上的斑点看起来就像是透过树叶的阳光的斑点，这让它们能够几乎隐身。花豹有很多不同的种类，其中包括黑豹和雪豹，在世界各地都有它们的身影。

最奇特的野猪——非洲疣猪

还记得电影《狮子王》中的彭彭吗？它就是一只快乐的非洲疣猪，喜欢找各种各样的虫子来大快朵颐，现实生活中非洲疣猪也的确是这样。

不过，季节不同，非洲疣猪吃的东西也不一样。非洲疣猪的主食是青草，没有青草吃，它们很可能得病，甚至死去。水草丰美的雨季，它们会享用新鲜的草和蘑菇、莓果。而到了旱季，它们只能找寻多汁的根茎、昆虫幼虫，偶尔也会捡大型掠食性动物吃剩的腐肉。非洲疣猪虽然肌肉发达，前爪有力，但脖子很短，为了取食它们被迫做出屈膝的动作。

非洲疣猪可以算得上最奇特的野猪。首先，疣猪的外貌就很出众，它们的脑袋大得出奇，居然占到身体的1/3，如此巨大的脑袋使得它们的脖子似乎有些不堪重负，但事实上这不影响它们行动自如。非洲疣猪的"脸"上位于两眼后方长着两对骨状突起，这种突起叫作疣突，是皮肤的衍生物，疣猪也因此而得名。雄疣猪看起来比雌疣猪更狰狞，这是因为它们的吻部多长了一对疣突。疣突究竟有什么用呢？据研究，它们能在挖土取食时起到保护眼睛的作用。

非洲疣猪喜欢生活在轻软而潮湿的土中，在土壤中打洞，洗泥

土澡。它们个个都是刨洞的能手，那又短又有力的前爪和长长的鼻子就是它们有力的挖掘工具。它们能掘出深达 3 m 的洞，还能将土豚等动物掘好的洞改造成适合自己居住的"宫殿"。非洲疣猪挖出的并不只是普通的土洞，那里边还被安排成"卧室"、"仓库"和"育婴室"。非洲疣猪还会使洞穴留有一处或几处狭窄的"瓶颈"处，以供自己在危急时刻使用；如果猛兽闯入，就多半会被"瓶颈"卡住。为了对付那些埋伏的敌人，非洲疣猪会在回家时先倒退着爬进洞穴，然后马上将洞口用泥封上，早晨出洞时则以最快的速度冲出洞口，好躲避"守洞待猪"的天敌。非洲疣猪比猪科其他动物的身材都更为"健美"，它们是跑步健将，奔跑时速度可达 54 km/h。一旦遇到了比自己跑得还快的掠食者，它们也毫不畏惧，因为它们长有比普通野猪更长的

獠牙，有的雄性疣猪的獠牙竟长达 60 cm，这成为它们有效的防御武器。非洲疣猪还长了一根很有特色的尾巴，平时虽不起眼，可奔跑起来的时候就会像一根天线一样竖得直直的，在高高的草丛中可谓"独树一帜"。

带着"信号灯"的优雅君子——水羚

生活在水边的水羚似乎深得水的灵气，蓬松而柔软的毛皮，毛茸茸的大耳，温和的大眼，庄严的眼神，还有那似乎永远从容不迫的步态，使它们看起来有一种原野之神的气韵。它们的生活作风也无可挑剔：雌性和姐妹、长辈们在一起，拖家带口地过着平和的日子；而身形伟岸、头顶一双利剑般长角的雄性，则像侠客般自由地生活。虽然成年雄水羚各自护卫着自己的领地，但对领地内的家族向来都是礼让有加，从不干涉它们的出入自由。

水羚全身主要为红棕色或栗色，只有腹部、嘴部、臀部以及眼睛外圈有部分白色。而它们最大的特点就是臀部有一圈环形的白色绒毛，通常以尾巴为中心，形成一个白圈。这样一种各方面都称得上"优雅"的动物，却在屁股上有一个白圈，简直就像是上厕所的时候，一不小心让马桶圈粘在屁股上了一样。而这不搭调的"马桶圈"正是辨识水羚最明显的标志之一。

水羚屁股后面奇怪的"马桶圈"有什么作用呢？其实，许多草食动物都有类似的信号构造。

野兔的尾巴里面是醒目的白色，野兔在逃跑的时候一定会把尾巴高高翘起，把里面明显的白毛翻出来。跳羚的尾巴下边和整个屁股都是白的，腾跳的时候一闪一闪的很醒目。美洲的叉角羚也会在需要时展示出臀部蓬松的白色"绒球"向同伴报警。同样，水羚也会利用自己背后奇特的"马桶圈"充当信号灯。当它们成群结队地奔跑时，后面的成员就可以追随前面的"马桶圈"而不至于掉队，特别是对于小水羚来说，这种强调"跟上我"的标志实在是太重要了。

可是，背后长成这副模样，水羚居然可以大胆地在草原上晃悠，难道不担心会招来杀身之祸？其实水羚真正的秘密武器，是它们能通过身上的汗腺分泌一种防水的油脂，气味恶臭难闻，会让大多数肉食动物大倒胃口。所以，在有其他动物可以选择的情况下，猎食者一般是不会选择水羚作为食物的，非洲传统的猎人也对水羚缺乏兴趣。正是倚仗这种稀奇古怪的本领，水羚才能在众多肉食者虎视眈眈的目光中，一边晃荡着它们的"马桶圈"，一边维持着自己君子般的优雅风度。

名马不是马——河马

它们把家安在水上，却在陆地上觅食。它们体形庞大、笨拙，却能以超过 30 km/h 的速度飞奔。它们是素食者，生性温良、胆小，但在危机面前却异常骁勇强悍，即便是面对非洲雄狮、鳄鱼这样的大型掠食者也可以视若无物，它们就是非洲河流之王——河马。

　　这种体形仅次于大象，体重可达 3000 kg 的素食者是世界上第二大陆地哺乳动物。它们体长 3~4 m，吻宽嘴大，四肢短粗，其最具个性的特征是重达 200 kg 的大脑袋。它们的厚皮下面是一层脂肪，这使它们可以毫不费力地从水中浮起。当河马暴露于空气中时，其皮肤上的水分蒸发量要比其他哺乳动物大得多，出于这个原因，河马必须待在水里或潮湿的栖息地，以防脱水。

　　河马是群居动物，它们喜欢互相作伴。河马家族的族长由公河马担任：族长是河流之王，是小河马的榜样，也是大多数小河马的父亲。在享受族长优越生活的同时，它担负的责任也很多：对外要时刻提防入侵者，对内要维持家族和睦；如果有其他公河马胆敢进入它的领地，挑战它的权威，它会毫不客气地上前警示对方。4 颗长度超过 30 cm 的硕大犬齿是河马的杀手锏。这些犬齿会不停地生长，但犬齿之间会互相碾磨，这就使得它们不会长得太长，但却极其锋利。河马族长只需张开大嘴，露出自己的獠牙，响亮地喷着鼻息，做出进攻的姿态，即可吓退弱小的挑战者。

但如果双方势均力敌，且都志在必得，一场你死我活的血腥战斗就不可避免。失败者往往非死即残。

黄昏时分，河马家族变得格外清醒，因为用餐的时间到了，成年河马

一个接一个地走上岸，准备在黑夜中觅食。河马的犬齿主要是用来作战的，但当食物短缺时，河马也会用它们从河岸边获取珍贵的矿物盐。它们会进食大量植物，河马能用它们那宽宽的嘴唇折断矮草，将植物连根拔起。一个晚上它们会步行 3~5 km 的路程去觅食。上岸之后，即

便是在群体当中，河马还是会感觉不舒服，因为它们的视力很差，只能靠听力和敏锐的嗅觉来察觉潜在的危险。实际上，除了人类，它们在陆地上一样没有天敌，即便是非洲草原最强悍的狮群也不会对成年河马构成威胁。河马每晚要吃掉约 50 kg 的食物，但这只是其他大型哺乳动物比如犀牛一半的饭量，河马无须浪费大量能量支撑自己的庞大身躯，因为它们多数时间都待在河中，浮力会帮它们节约体能。

一说到河马，有人会认为它们是马的兄弟，其实河马与马虽名字里都有一个"马"字，可连"亲戚"都攀不上，它们同牛还可算得上是异族兄弟，因为二者都属于偶蹄目。研究人员通过对河马与鲸各自祖先的化石系统分析后提出：它们的共同祖先约在 4000 万年前分成两支，其中的一支进化成为鲸，并最终告别了陆地；而另一支是一种外貌有些像猪的厚皮四蹄动物，被称为石炭兽类，是所有偶蹄动物的祖先。

ZIRAN DE KUIZENG
BOWUGUAN JINGPIN BIAOBEN TUJIAN

草原之王——非洲狮

非洲狮是非洲最凶猛的野兽，素有"草原之王"的美称。

狮子是独特的猫科动物。猫科动物中只有狮子的雌雄个体长相差别很大，雄狮颈部有长长的鬃毛而雌狮没有，这在动物学上称为"雌雄两态"。那么，鬃毛有什么作用呢？

原来，雄狮的鬃毛是地位的象征，鬃毛越长、颜色越深，雄狮在狮群中就拥有越高的地位，对其他狮子越有威慑力，也越会受到雌狮的青睐。现存的37种猫科动物中有36种是独居的，唯独狮子是群居动物。

狮群的核心是雌狮，它们从小生活在一起，有密切的血缘关系，捕猎和抚养小狮子的任务都是由雌狮们合作完成的。雌狮体形小，身手矫捷，捕猎时速度比雄狮快，成功率更高。它们从四周悄无声息地包围猎物，逐步缩小包围圈，有的负责驱赶猎物，有的等着伏击，5~6只的狮群有能力捕猎野牛和长颈鹿。捕猎成功后首先进食的是雄狮，雄狮身体强壮，适合搏斗，它的职责是看守领地和保护狮群。

美丽且威武的羚羊——大弯角羚

　　大弯角羚是最威武、最美丽的羚羊之一，最引人注目的是那长而呈螺旋形的角，十分优雅，大约每长大2岁，角长1个圈，一直到6岁左右，最长的角可以超过1 m。体背和体侧有6～10条细细的白色条纹，镶嵌在赤褐色至灰棕色的身体上，很容易识别和区分。大弯角羚的耳朵也是很可爱的，是一双大大的圆圆的"招风耳"。雌性大弯角羚没有角，体形比雄性要小，毛色比雄性要淡，身体上的条纹比雄性清晰。

　　大弯角羚栖息在丛林、山岩、干涸的河床附近，只要有足够的水源就可以生活。通常它们以小家族一起生活，有时候也组成几十只的大群，成年雄性多独居，大多夜行性，擅长跳跃，一跃达6 m远，但跑起来显得笨拙。每到发情期，雄性大弯角羚就要用头上的大角比试一番，以此来赢得雌性的青睐。雄性会用角互抵，直至一方认输为止。

　　大弯角羚白天一般不怎么活跃，会躲在林地之中。在早上及黄昏时段觅食。虽然它们倾向留在同一地方生活，但也会在干旱的季节迁徙到较远的地方。它们主要吃叶子、草、芽，有时也会吃块根、根及果实。长腿和脖子使大弯角羚能够取食长在很高的树上的食物，其取食本领仅次于长颈鹿。

完美诠释黑白条纹——斑马

　　斑马过着居无定所、四处游荡的生活，斑马家族集结成大规模的群体，家庭结构都很相似，每个家庭有十几个成员，其中包括1匹雄性斑马，2~6匹雌性斑马，以及它们的子女。雄性斑马是理所当然的"家长"，尽管它对自己的家庭成员有绝对的权威，但它主要是家庭的保护者，而不是统治者。在各自的家庭中，每一匹斑马都享有与生俱来的特权，互相梳理

毛发可以增进相互之间的感情，这也是对各自等级地位的默认。斑马的家庭生活非常和谐，它们按照关系的密切程度进行组合，斑马妈妈照顾小马驹，其他雌性斑马和幼年斑马待在一起。

斑马的大部分时间都用来啃草，它们不是反刍动物，所以会消耗大量的食物来弥补消化功能的不足。在迁徙过程中，一些食草动物比如角马常常会加入斑马的行列，斑马及时报警，使这些食草动物受益匪浅。斑马的视觉和听觉都非常敏锐，总是最先感觉到危险。斑马通常会走在迁徙队伍的前列或两侧，一旦遭到攻击，它们就会及时逃跑，而走在队伍中间的角马则会成为牺牲品。对于狮子来说，角马比斑马更容易捕获。

小马驹出生十分钟后就能站起来，半个小时内就学会走路了。小斑马慢慢学习辨认妈妈身上的条纹，斑马的条纹就像人的指纹一样，每一匹的条纹都是独一无二的，不同的条纹可以用于区别不同的斑马。习惯群体生活的动物必须学会辨认每一位成员。那么斑马身上的条纹和间隔是怎样形成的呢？

原来，在雌性斑马的妊娠早期，一个固定的、间隔相同的条纹形式就已经确定在胚胎之中了。以后在胚胎发育的过程中，由于身体各部位发育的情况不同，幼仔出生后，各部位所形成的条纹也就不一样了，有的宽阔，有的狭窄。

但是，为什么它们会长这些条纹呢？

一些人认为这些斑纹可以使敌人难以发现它们，另一些人则认为这些斑纹可以帮助斑马互相辨认。的确，斑马身上的条纹漂亮而雅致，是同类之间相互识别的主要标记之一，更重要的则是帮助斑马形成适应环境的保护色，作为保障其生存的一个重要防卫手段。在开阔的草原和沙漠地带，这种黑褐色与白色相间的条纹，在阳光或月光照射下，反射光线各不相同，起着模糊或分散其体形轮廓的作用，放眼望去，很难与周围环境分辨开来。这种不易暴露目标的保护作用，对动物本身是十分有利的。

人类将斑马条纹应用到军事上是一个很成功的仿生学例子。人们将条纹保护色的原理应用到海上作战方面，在军舰上涂上类似于斑马条纹的色彩，以此来模糊对方的视线，达到隐蔽自己、迷惑敌人的目的。

现存最高的陆生动物——长颈鹿

长颈鹿拥有标志性的脖颈和长腿，是世界上现存最高的陆生动物。它们站立时由头至脚可达 6～8 m，体重约 700 kg，刚出生的幼仔就有 1.5 m 高。

不像长有额外椎骨的长颈鸟类，长颈鹿的长脖子和其他哺乳动物一样，椎骨都只有 7 块，只是它们的椎骨较长，相互间有粗壮的肌肉紧连。美国科学家绘制了长颈鹿的完整基因，发现一些基因促使它们形成了大长脖子和细长腿的特殊身体结构。它们的短跑速度可达 60 km/h，为了维持强大的心血管功能，它们的心脏必须非常强大，这就要求在进化历程中需要一定的基因变化来确保。研究人员对长颈鹿的近亲物种霍加狓进行了基因序列研究，进一步识别了它们的基因变化，从遗传角度加深了对长颈鹿的了解，也有助于理解有蹄类动物的演化。长颈鹿的长脖颈进化形成于 2000 多万年前，一些调控基因使其形成了独特的身高和增压心血管系统。它们还需要特殊的安全阀，以保证能弯下身来喝水，然后再抬起头时不会晕倒。长颈鹿的心脏进化形成了一个非常大的左心室，在这种"涡轮增压心脏"的作用下，它们的血压是其他哺乳动物的两倍，但这并不是高血压病，而是确保充足的血液可以穿过 2 m 长的脖颈抵达头部。

直到 1901 年动物学家才在非洲扎伊尔森林发现霍加狓，人们在相当长的一段时间内都以为这种大型哺乳动物是长颈鹿和斑马的杂交产物。事实上，霍加狓与长颈鹿大约在1200万年前是由同一个祖先物种进化而来的，虽然霍加狓更像斑马，没有长颈鹿那样修长的身体和强大的心血管系统，但是这两个近亲物种的基因序列十分类似。

在对长颈鹿小腿骨的研究中，英国研究人员发现了一条受到凹槽保护的支撑性韧带，而且凹槽的深度远超其他动物，这就帮助了长颈鹿的细腿有力地支撑了它们庞大的身体。长颈鹿血管周围的肌肉非常发达，能压缩血管，控制血流量。同时长颈鹿腿部及全身的皮肤和筋膜绷得很紧，利于下肢的血液向上回流。长颈鹿属于重型动物，但是它们的腿骨却异常纤细，长颈鹿特殊的解剖学构造为四肢增加了非常高的强度，它们在不需要很多肌肉的情况下便能支撑自己庞大的体重，与此同时减少疲劳。其中，那根悬韧带有着极其重要的作用。

对于长颈鹿来说，长腿和长颈也是很好的降温"冷却塔"。它们生活在炎热的热带草原，体表面积大有助于热量的散发，大的肺容量利于它们呼吸新鲜空气、排出废气。不过，让人羡慕的大长腿也有烦恼，腿部过长致使长颈鹿饮水十分不便，它们要叉开前腿或跪在地上才能喝到水，而且在喝水时十分容易受到其他动物的攻击，所以群居的长颈鹿往往不会同时喝水。

长颈鹿虽然长有高大的个子，但是天生胆怯，性情温顺。它们只能发出一些简单的声音，表现得十分安静。在平日里，很少有人看见长颈鹿之间互相格斗。它们看似行动不便，其实十分警觉，行动极为敏捷。长颈鹿的长颈高高竖起，突出的双眼可以同时观察四周的各种情况。成年长颈鹿用它们那大而有力的蹄子保护自己，有时它们甚至可以把一头狮子一蹄子踢死。

因为睡眠有时会使长颈鹿面临危险，所以它们的睡眠时间很少，一个晚上一般只睡2 h，而且大部分时间都是站着睡，通常呈假寐状态。由于脖子太长，长颈鹿睡觉时常常将脑袋靠在树枝上，以免脖子过于疲劳。在进入睡眠阶段时它们也需要躺下休息，大约持续20 min。但是，因为从地上站起来要花费整整1 min的时间，所以对长颈鹿来说躺下睡觉十分危险，更多的时候它们都是站着睡觉的。当长颈鹿趴着睡觉时，两条前腿和一条后腿弯曲在肚子下，另一条后腿伸展在一边，长长的脖子呈弓形弯向后面，把带茸角的脑袋送到伸展着的那条后腿旁，下颌贴着小腿。对于胆子非常小的长颈鹿来说，这种睡姿既能缩小目标，又可在紧急情况下一跃而起。

天生大耳朵——蝠耳狐

蝠耳狐又叫大耳狐，有蝙蝠翅膀一样的耳朵，耳朵最长可达 14 cm。这双大耳朵在沟通交流、寻找食物等诸多方面发挥着重要作用。体毛多为棕褐色，喉咙处和腹部为灰白色，小腿、爪子和尾尖呈黑色。除一对大耳朵之外，蝠耳狐独特的齿列也有别于其他狐类，它们有 46~50 枚牙齿，其他犬类不超过 2 颗上臼齿和 3 颗下臼齿，蝠耳狐至少有 3 颗上臼齿和 4 颗下臼齿，下颌有一大块阶梯状的二腹肌突出，便于它们快速地咀嚼昆虫。

蝠耳狐栖息于干旱草原和热带稀树草原，更喜欢短草区域，居住在自建或其他动物留下的洞穴中。其洞穴一般存在多个入口以及长达数米的隧道。蝠耳狐 85% 的活动都在夜晚进行，家庭独占的领地范围大致为 0.25~1.5 km^2，以尿液标记领土边界。每个家庭包括一对父母和它们的后代，一同觅食休息，相互间时常躺卧触碰，彼此嬉戏互助。蝠耳狐的食谱主要包括昆虫和其他节肢动物，偶有小型啮齿动物、蜥蜴、禽蛋、雏鸟和植物；白蚁、蜣金龟占其食物来源的 80%。地面食草的白蚁会被路过的蝠耳狐吃掉。它们从这些昆虫的

体液中获取大量水分。蝠耳狐常出现在大型食草动物如角马、斑马和水牛的周围，用一双大耳朵探听甲虫幼虫的动静。它们一般独自觅食，在昆虫丰富的地方，蝠耳狐也会大量聚集。实际上，群体觅食比单独觅食能捕获更多的白蚁。其天敌有豺狼和老鹰，日间猎食的猛禽是它们最大的威胁。

陆地霸主——非洲象

在上百万年以前，大象的种类曾经有 400 多种，但是，经过不断进化演变之后，逐渐减少到了现在的 2 种：非洲象和亚洲象。其中，非洲象重达 7 t，身材硕大，体长 4 m 多，寿命长达 60 年乃至更久。这是一种体形胜于任何陆生生物的庞然大物，除了人类以外，没有任何动物敢于攻击成年大象，即使是一个狮群。光凭庞大的体形，大象就可以很安全了，但是它们依然要成群地生活在一起，因为它们需要经历一段时间才能变成"天下无敌"，小象在生命的头两年里尤其脆弱，在还没有长大以前，它们很容易成为过路捕食者的美餐。所以只要一有危险，全家人就会牢牢地守护着小象，在小象周围竖起一座坚固的城堡，任何捕食者都无法打败如此强大的团队。

在非洲大陆上，大约有 50 万头大象，象群首领是年长的母象。由于体形和家族都非常庞大，它们需要不断前进，对于它们来说，生活就是一个不断寻找食物和水源的漫漫征程。按照大象的平均寿命来计算，每头大象一生走过的路程，相当于绕了地球十四圈。

在非洲炽热的大草原上，气温可以高达 50℃，对于这种庞然大物来说，无疑是一种痛苦的煎熬。大象的体形十分巨大，但身体的表面积却相对较小，因此它们散起热来并不容易。为了解决这个问题，它们在体外配备了两个有效的散热器，两只

大耳朵，大象通过有节奏地来回拍打耳朵，进一步给循环的血液降温，从而降低体温。但是光靠耳朵散热是不够的，它们还需要皮肤这个"大型空调"的帮助。如果近距离看，它们的皮肤就如同另一个星球的地表一样，而正是这种褶皱增加了皮肤的表面积，从而使热量更好地散发出去。

根据科学研究证实，经过数百万年的进化，大象由海洋动物变成了徜徉在陆地上的最大动物。它们由于体形庞大，身体僵硬，所以无法弯曲头部进食，它们主要依靠灵活的鼻子，来满足自己的大胃口。大象不仅能用鼻子吃地上的草，还可以吃高大树枝上的食物。刚出生的小非洲象就有两个成年人那么重，但是仍然十分脆弱，需要母亲用脚不断地把它扶起来，好让它加入家人

的行列。小象需要花两年时间才能灵活控制自己的鼻子，学习社交技能同学习生存技能同样关键，需要读懂群体信号，练习礼仪，以及对长辈保持尊重。

"女家长"是大象家族的核心，整个家族成员都和它有亲缘关系，它决定着家族每天要去哪里，什么时候该停下来吃东西，以及当危险来临时应该做些什么。大象的学习期十分漫长，证明它们的智商很高，在非洲干旱的草原上，记住水源和吃食的地点至关重要，"女家长"的记忆最为长久，在一段极其干旱的时期，有人看到，"女家长"带家人来到一个它30年未去过的水塘。大象是如何回忆起这些信息的？我们知之甚少，但是它们很可能是记住了地貌，在脑中创建一张地图。

大象就是一台吃草的机器，一头成年大象一天之内能吞食150 kg的食物，而一个成年人吃这么多东西，要花4个月的时间。为了获得充足的营养，大象每天都必须花18个小时吃食，吃下去的东西能消化的不到一半，因此粪

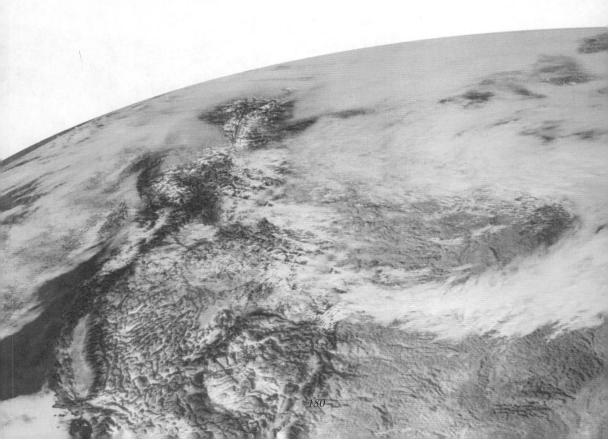

便较多，平均每头大象每天排出 100 kg 的粪便。但是这些粪便一点也不会被浪费，因为很多植物的生长需要它们，而这一切周而复始，大象最终可能吃下由自己帮助而生长的植物。

然而在过去20年里，70万头非洲象遭到捕杀，仅仅为了得到它们的长牙，非洲大陆上一半的大象就这样被屠杀了。尽管在 1985 年世界上就已经禁止了象牙贸易，而且非洲有多个保护区保护大象，但由于巨大的利益驱使，每年仍然有近万头非洲象被偷猎者残忍地猎杀，所以，拒绝象牙制品，我们义不容辞。

研究黑猩猩最著名的科学家珍妮·古道尔博士说："唯有了解，我们才会关心；唯有关心，我们才会行动；唯有行动，生命才会有希望。"非洲物种的多样性与独特性在世界上是绝无仅有的，这是一个充满挑战也孕育生命的地方，也是一个需要我们去探索和关注的地方。

自然的馈赠 博物馆精品标本图鉴
ZIRAN DE KUIZENG
BOWUGUAN JINGPIN BIAOBEN TUJIAN

© 江雪　王丹　2020

图书在版编目 (CIP) 数据

自然的馈赠：博物馆精品标本图鉴 / 江雪，王丹主编 . —— 大连：辽宁师范大学出版社，2020.6
ISBN 978-7-5652-3261-9

Ⅰ. ①自… Ⅱ. ①江… ②王… Ⅲ. ①自然历史博物馆 – 生物 – 标本 – 大连 – 图集 Ⅳ. ① Q-34

中国版本图书馆 CIP 数据核字 (2020) 第 073068 号

ZIRAN DE KUIZENG —— BOWUGUAN JINGPIN BIAOBEN TUJIAN

自然的馈赠——博物馆精品标本图鉴

出 版 人：王　星
责任编辑：张　洋　李　珍
责任校对：王　虹　都珍珍
装帧设计：李小曼

出 版 者：辽宁师范大学出版社
地　　址：大连市黄河路 850 号
网　　址：http://www.lnnup.net
　　　　　http://www.press.lnnu.edu.cn
邮　　编：116029
营销电话：（0411）84206854　84215261　82159912（教材）
印 刷 者：吉林省吉广国际广告股份有限公司
发 行 者：辽宁师范大学出版社
幅面尺寸：170 mm × 230 mm
印　　张：12
字　　数：240 千字

出版时间：2020 年 6 月第 1 版
印刷时间：2020 年 6 月第 1 次印刷
书　　号：ISBN 978-7-5652-3261-9

定　　价：68.00 元